Sicher im **Abi**

Kompakt-Wissen

Biologie

Mit Lern-Videos online

Jessika Kosmala

Klett Lerntraining

Jessika Kosmala ist Gymnasiallehrerin für die Fächer Biologie, Chemie und Informatik in Bayern und ist in der Lehrerfortbildung tätig.

Bibliografische Information der Deutschen Nationalbibliothek
Die Deutsche Nationalbibliothek verzeichnet diese Publikation in der Deutschen Nationalbibliografie; detaillierte bibliografische Daten sind im Internet über http://dnb.dnb.de abrufbar.

1. Auflage 2019

www.klett-lerntraining.de
Hinweis: Der Online-Zugang zu den Videos ist mindestens bis drei Jahre nach Ersterscheinen des Buches gewährleistet.
Redaktion: Dr. Robert Strobel, Bad Liebenzell
Illustrationen: von Prof. Jürgen Wirth, Fachhochschule Darmstadt, Fachbereich Gestaltung (Mitarbeit: Matthias Balonier):
Codesonne S. 67, Blattquerschnitt S. 108, Chloroplast S. 109, Absorptionsspektren der Blattfarbstoffe S. 111 oben, Schematische Toleranzkurve S. 130, Rückenmark S .154
von Martin Lay, Breisach:
S. 9, 15, 20, 21, 50, 59, 81, 86, 90, 92, 111 unten, 116, 127, 137, 155, 159, 161, 164, 167, 195, 196, 197, 199, 201, 202, 206
Sonstige Grafiken: Imprint, Augsburg (nach Vorlagen der Autorin)
Titelillustration: Shutterstock (WINS86), New York
Umschlaggestaltung: Anne Helbich, Stuttgart
Satz: tebitron gmbh, Gerlingen
Druck: AZ Druck und Datentechnik GmbH, Kempten
Printed in Germany
ISBN 978-3-12-949596-4

INHALT

▶ = **Lern-Videos online**

INHALT

INHALT

▶ = **Lern-Videos online**

Vorwort

Liebe Abiturientin, lieber Abiturient,

in diesem Buch finden Sie alles, was Sie in der Oberstufe im Fach Biologie wissen müssen.

Sie wollen schnell, gezielt und kompakt das Wichtigste lernen und sich optimal auf den Unterricht vorbereiten. Dabei hilft Ihnen der **QUICK-FINDER**:

- Jedes Kapitel beginnt mit einer übersichtlichen Auflistung aller wesentlichen Themen.
- Prüfen Sie, ob Sie zu jedem Thema etwas sagen können.
- Wenn Sie zu einem Thema mehr wissen wollen, verweisen die Seitenzahlen auf den entsprechenden Abschnitt im Buch.
- Damit Sie den Abschnitt schneller finden, ist das Thema farbig markiert.

SPEZIALTHEMEN vertiefen besonders wichtige Aspekte, damit Sie im Unterricht punkten können.
Im **STICHWORTVERZEICHNIS** finden Sie zusätzlich alle wichtigen Lernbegriffe.
Besonders schwierige Themen können Sie sich über kostenlose **LERN-VIDEOS** erklären lassen. Auf der vorderen Umschlag-Klappe wird genau erklärt, wie Sie zu den Videos gelangen. So haben Sie Ihren persönlichen Nachhilfelehrer immer in der Tasche.

Viel Erfolg im Abitur wünscht Ihnen

Ihr Klett Lerntraining-Team

1 Zellbiologie

QUICK-FINDER

Biomembranen und Stoffaustausch

BIOMEMBRANEN Alle Zellen werden durch eine **Zellmembran** vom umgebenden Medium getrennt, die den Stoffaustausch kontrolliert. Sie besteht aus einer Doppelschicht aus Phospholipiden, in die verschiedene Proteine eingelagert sein können.

Füssig-Mosaik-Modell der Biomembran

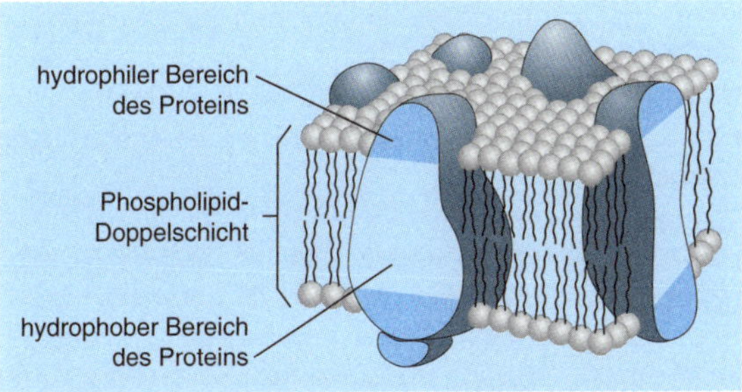

Phospholipide sind chemisch so aufgebaut, dass sie ein hydrophiles („wasserliebendes") und ein lipophiles („fettliebendes") Ende besitzen. Die lipophilen Enden zeigen in der Doppelschicht nach innen, die hydrophilen Enden nach außen zum wässrigen Inneren bzw. Äußeren der Zelle. Die Phospholipide sind nicht starr an eine Stelle gebunden, sondern beweglich, so dass auch die eingelagerten Proteine ihren Platz wechseln („Flüssig-Mosaik-Modell").

Die Biomembranen begrenzen die Zelle nicht nur nach außen, sondern teilen auch das Innere einer Zelle in verschiedene Bereiche ein. Sie sind eine Barriere für den ungehinderten Stoffaustausch, aber sie lassen z. B.

Wasser und Gase wie Sauerstoff oder Kohlenstoffdioxid passieren (**semipermeable Membran**). Für viele andere Stoffe, z. B. Na^+-, K^+- oder H^+-Ionen oder Glucose, gibt es Proteinkanäle in der Membran. Sie können wie in den Nervenzellen spannungsabhängig oder transmitterabhängig offen oder geschlossen sein. Eine unterschiedliche Verteilung an H^+-Ionen über eine Membran kann verwendet werden, um ATP herzustellen, indem diese Ionen durch einen Proteintunnel fließen (ATPase). Glucosekanäle können über das Hormon Insulin aktiviert werden.
Da durch diese Kanäle ganz bestimmte Stoffe die Membran passieren können, spricht man auch von **selektiver Permeabilität**.

STOFFAUSTAUSCH: DIFFUSION, OSMOSE, AKTIVER TRANSPORT Da die kleinsten Teilchen in ständiger, ungerichteter Bewegung sind, durchmischen sie sich. Ist eine Teilchensorte an einer Stelle häufiger (in höherer Konzentration), so ist die Wahrscheinlichkeit größer, dass sich Teilchen von dort wegbewegen, als dass sich ein Teilchen dorthin bewegt. So kommt es zu einer gleichmäßigen Verteilung von Teilchen innerhalb einer Flüssigkeit, aber auch bei Gasen. Dies nennt man **Diffusion**.

Wenn zwei Bereiche durch eine Biomembran voneinander getrennt sind, besteht eine Diffusionsbarriere. Wasserteilchen bewegen sich weitgehend ungehindert durch die Membran, aber Ionen und größere Moleküle wie Zucker, Proteine etc. werden zurückgehalten. Sind nun auf einer Seite der Membran mehr gelöste Teilchen vorhanden als auf der anderen, so bedeutet das auch, dass dort insgesamt weniger Wasserteilchen vorliegen.

Es wird also zu einer Diffusion der Wasserteilchen zum Bereich der gelösten Teilchen kommen. Die gelösten Teilchen würden zwar auch auf die andere Seite wandern, werden aber von der Membran daran gehindert. Dieser Nettofluss von Wasser durch eine semipermeable Membran wird **Osmose** genannt. Sie sorgt z. B. für die Wasseraufnahme in Zellen.

Sollen Stoffe gegen ihr Konzentrationsgefälle transportiert werden, so ist ein energieabhängiger **aktiver Transport** nötig. Die Natrium-Kalium-Pumpe der Nervenzellen ist dafür ein Beispiel.

Noch größere Moleküle können die Zelle nur durch **Exocytose** bzw. **Endocytose** verlassen oder betreten. Die Stoffe werden in ein Membranbläschen verpackt, das mit der Zellmembran verschmilzt und den Stoff nach außen entlässt. Bei der Aufnahme wölbt sich die Membran um die Stoffe nach innen und bildet ein Membranbläschen um die Stoffe.

ZELLERKENNUNG In die Biomembran sind auch Proteine und Lipide mit Zuckerseitenketten (Glycoproteine, Glycolipide) eingelagert. Sie dienen z. B. der Zellerkennung. Die Oberflächen der Zellen der Individuen sind recht unterschiedlich. Beim Menschen gibt es die MHC-Moleküle (major histocompatibility complex), die die Zellen als körpereigene Zellen ausweisen. Auch die Blutgruppen werden durch solche Glycolipide verursacht.

Prokaryonten

AUFBAU Zu den ältesten Lebensformen gehören die Prokaryonten. Zu ihnen gehören die Bakterien und die Blaualgen. Sie besitzen **keinen Zellkern**. Ihre Erbinformation liegt in einem ringförmigen Chromosom vor. Daneben gibt es kleine DNA-Ringe, die Plasmide.
Die Zellmembran der Prokaryonten ist an manchen Stellen stark nach innen gefaltet. Dort finden z. B. Photosynthese und Zellatmung statt. Bakterien haben außerdem Ribosomen, die für die Proteinsynthese zuständig sind. Sie sind etwas kleiner und leichter als die der Eukaryonten.
Nach außen sind die Bakterien meist noch durch eine Zellwand aus Murein begrenzt. Zudem bilden einige Bakterien eine Schleimkapsel aus.

BESONDERHEITEN UND BEDEUTUNG Die Prokaryonten unterscheiden sich nicht nur im Aufbau, sondern auch in ihrer Lebensweise von den Eukaryonten. Sie vermehren sich durch Zweiteilung, nachdem sie ihr Ringchromosom verdoppelt haben. Sexuelle Vermehrung gibt es nicht, lediglich Genaustausch. Die mRNA wird direkt in Proteine übersetzt, weil es keine nichtcodierenden Sequenzen wie bei den Eukaryonten gibt.
Die Stoffwechselvorgänge sind nicht an Zellorganelle gebunden, sondern finden an Membraneinstülpungen statt. Dabei gibt es die verschiedensten Ernährungsformen: Photoautotrophe Bakterien produzieren mit Hilfe von Licht energiereiche Stoffe, chemoautotrophe Bakterien nutzen die Energie aus der Oxidation anorganischer Substanzen: Heterotrophe Prokaryonten nehmen energiereiche Stoffe aus der Umgebung auf.

Deshalb spielen die Prokaryonten in allen Lebensräumen eine wichtige Rolle, z. B. als Symbionten in den Mägen und Därmen der Tiere, als Destruenten in Stoffkreisläufen oder als Produzenten in aquatischen Ökosystemen.

Zellorganellen der Eukaryonten

ORGANELLEN OHNE MEMBRAN Pflanzenzellen besitzen zusätzlich zur Zellmembran eine **Zellwand** aus Zellulose, die Stabilität verleiht. Durch osmotische Aufnahme von Wasser entsteht in der Pflanzenzelle ein Druck, der durch die Zellwand begrenzt wird (Turgor). Dadurch erhalten die Pflanzen neben ihren Festigungselementen Stabilität.

An der Zellteilung ist das **Zentriol** der tierischen Zellen beteiligt. Es ist Teil des **Zytoskeletts**, das auch andere Zellen besitzen und das zur Stütze und zum Materialtransport dient. Es besteht aus kleineren Proteinbausteinen, die sich zu fädigen Strukturen zusammenlagern. Auch die Spindelfasern bei der Zellteilung zählen dazu.
Auf der Oberfläche der Zellen können sich bewegliche Härchen befinden, die **Cilien** oder **Geißeln**. Sie bewegen entweder Stoffe weiter oder die Zelle als Ganzes.
Die **Ribosomen** sind die Orte der Proteinsynthese. Sie befinden sich entweder frei im **Zytoplasma** oder an der Oberfläche des endoplasmatischen Retikulums. Aufgebaut werden sie aus Proteinen. Außerdem bestehen sie aus ribosomaler RNA, die im Nukleolus gebildet wird, also in einer Region des Zellkerns.

ORGANELLEN MIT EINFACHER MEMBRAN Durch eine einfache Membran begrenzt gegen das Zytoplasma ist das

endoplasmatischen Retikulum. Dieses Membransystem leitet gebildete Proteine weiter und baut sie um.
Ähnliches macht der **Golgi-Apparat**. Er verpackt die Proteine, die die Zelle verlassen sollen, in **Vesikel**, die dann zur Zellmembran wandern und ihren Inhalt durch Exocytose nach außen hin abgeben.
Lysosomen und **Peroxisomen** enthalten Enzyme zur Verdauung und zum Schutz vor Oxidation.
Pflanzliche **Vakuolen** speichern viele Stoffe, z. B. etherische Öle oder Farbstoffe. Die Vakuole nimmt meist den größten Raum in einer Pflanzenzelle ein.
Nahrungsvakuolen dienen v.a. bei Einzellern der Verdauung. Kontraktile Vakuolen können bei Einzellern das osmotisch eingedrungene Wasser wieder nach außen befördern.

ORGANELLEN MIT DOPPELTER MEMBRAN Die Erbinformation liegt bei den Eukaryonten im **Zellkern**, der von einer Doppelmembran umhüllt wird, aber Kernporen besitzt.
Eukaryonten besitzen außerdem **Mitochondrien**, die der Energiegewinnung dienen. Die Pflanzen haben **Chloroplasten**, in denen die Photosynthese stattfindet.
Die Mitochondrien sowie die Chloroplasten der Pflanzen weisen Besonderheiten auf: Sie haben ein ringförmiges Chromosom und besitzen eigene, leichtere Ribosomen. Außerdem besitzen sie zwei Membranen, wobei die innere Membran der der Bakterien entspricht. Sie können nur durch Teilung vermehrt und nicht neu gebildet werden. Dies legt nahe, dass diese Zellorganellen durch Symbiose größerer Einzeller mit Bakterien entstanden sind. Die größeren Zellen könnten die Bakterien (Cyanobakterien = Blaualgen, die Photosynthese betreiben können und

aerobe Proteobakterien für die Zellatmung) durch Endocytose aufgenommen, diese dann aber nicht verdaut haben, sondern eine Symbiose mit ihnen eingegangen sein. (**Endosymbiontentheorie**)

Endosymbiontentheorie

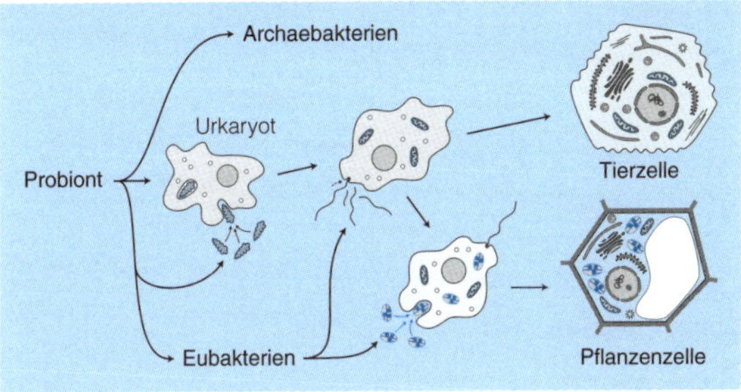

Vergleich Prokaryontenzelle – Pflanzenzelle – Tierzelle

	Prokaryonten	Pflanzen	Tiere
Erbmaterial	ringförmiges Chromosom	Zellkern mit mehreren linearen Chromosomen	Zellkern mit mehreren linearen Chromosomen
Zellwand	z. B. aus Murein	aus Cellulose	keine Zellwand
Zentriol	nein	nein	vorhanden
Zellatmung	an Membranstrukturen möglich	in Mitochondrien	in Mitochondrien

	Prokaryonten	Pflanzen	Tiere
Photosynthese	an Membranstrukturen möglich	in Chloroplasten	nein
Zellsaftraum (Vakuole)	nein	zur Stoffspeicherung	nein
Ribosomen	leichtere Ribosomen	schwerere Ribosomen	schwerere Ribosomen
Größe	0,5 – 5 µm	5 – 50 µm	5 – 50 µm

Chromosomen

CHROMOSOMEN BESTEHEN AUS DNA UND HISTONEN Das Erbmaterial aller Lebewesen, die **Desoxyribonukleinsäure** oder DNS bzw. engl. DNA liegt in den Lebewesen in Einheiten vor, die Chromosomen heißen. **Bakterien** besitzen ein **ringförmiges Chromosom**, die Eukaryonten haben mehrere lineare Chromosomen. Chromosomen lassen sich gut anfärben und zeigen ein charakteristisches **Bandenmuster**. Kurz vor der Zellteilung hat sich jedes Chromosom verdoppelt; die beiden genetisch identischen **Schwesterchromatiden** hängen am **Zentromer** noch zusammen, werden dann aber bei der Zellteilung getrennt.

METAPHASECHROMOSOM: MAXIMAL VERKÜRZT UND VERDICKT, ZWEI SCHWESTERCHROMATIDEN Die Chromosomen sind zum Zeitpunkt der Metaphase sehr stark spiralisiert und dadurch verkürzt und verdickt. So kann man sie auch unter dem Lichtmikroskop als x-förmige Gebilde erkennen. Chromosomen befinden sich aber nur kurze Zeit in diesem **Metaphasechromosom**-Zustand. Die meiste Zeit bestehen sie nur aus einem Chromatid, das lang gestreckt und dünn ist.

IN DIPLOIDEN ORGANISMEN: HOMOLOGE CHROMOSOMEN In den meisten Lebewesen existiert jedes Chromosom in zwei Varianten: Eines hat das Lebewesen vom Vater, das andere von der Mutter erhalten. Die beiden **homologen Chromosomen** besitzen zwar Informationen (Gene) für die gleichen Aufgaben und Strukturen, die Informationen sind aber nicht unbedingt gleich. Es kann z. B. die Information für die Augenfarbe in den Variationen „braun" und „blau" vorliegen. Zellen, die jeweils zwei Chromosomen einer Sorte besitzen, nennt man **diploid** (Abkürzung **2n**), Zellen mit einfachem Chromosomensatz heißen **haploid** (**n**).

Mitose – Bildung identischer Tochterzellen

ZIEL: BILDUNG ZWEIER GENETISCH IDENTISCHER TOCHTERZELLEN Zellen müssen sich vermehren, damit ein Lebewesen wachsen kann, damit Wunden heilen oder damit sich Gewebe erneuert. Dazu teilen sich die Zellen und produzieren genetisch identische Tochterzellen. Bevor sich die Zelle teilt, werden alle Chromosomen verdoppelt. Dies geschieht in der Interphase, die zwischen zwei Mitosen liegt.

TRENNUNG DER SCHWESTERCHROMATIDEN Die identischen DNA-Stränge, die Schwesterchromatiden, bleiben am Zentromer aneinander hängen. Während der Mitose werden diese Schwesterchromatiden voneinander getrennt. Dies wird durch die Spindelfasern erreicht, die entweder vom Zentriol (bei Tieren) oder von den Zellpolen ausgehen. Sie können sich verkürzen und bewegen dadurch die Schwesterchromatiden zu den Polen. Andere Spindelfasern stabilisieren dabei die Zelle.

PRO-, META-, ANA- UND TELOPHASE Die eigentliche Zellteilung ist in vier Phasen gegliedert: In der Prophase werden die Chromosomen sichtbar, in der Metaphase ordnen sie sich in der Äquatorialebene der Zelle an, während der Anaphase werden die Schwesterchromatiden zu den Zellpolen gezogen und in der Telophase teilt sich die Zelle (Details siehe Tabelle).

Ablauf und Phasen der Mitose

Prophase: Die Chromosomen verkürzen sich und werden dadurch sichtbar. Die Nukleoli verschwinden, die Kernmembran löst sich auf. Es bildet sich ein Spindelapparat aus Eiweißfäden (Mikrotubuli) aus.	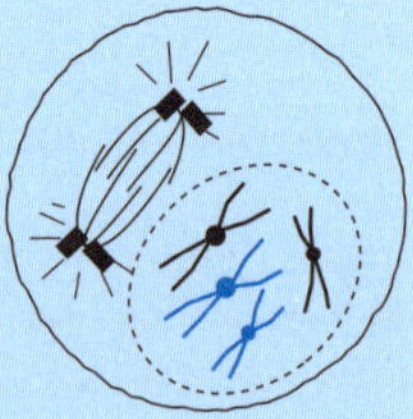
Metaphase: Die Chromosomen ordnen sich in der Äquatorialebene der Zelle an. Die Mikrotubuli setzen an den Zentromeren der Chromosomen an.	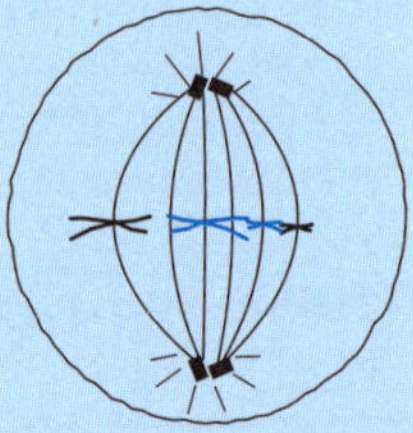

Anaphase:
Durch Verkürzen der Mikrotubuli werden die Schwesterchromatiden der Chromosomen zu den Zellpolen gezogen. So gelangt von jedem Chromosom eine Kopie in eine Zellhälfte.

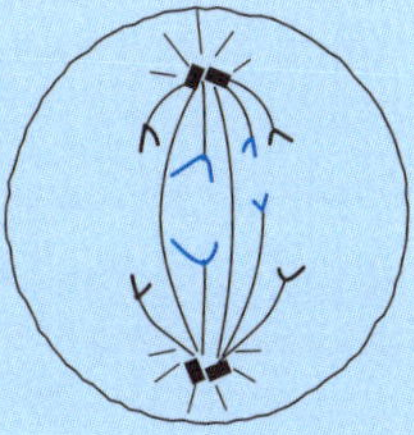

Telophase:
Kernmembran und Nukleolus bilden sich wieder, der Spindelfaserapparat löst sich auf, die Chromosomen entspiralisieren und werden dadurch unsichtbar, die Zelle teilt sich durch Bildung einer neuen Zellmembran (und bei Pflanzen einer neuen Zellwand).

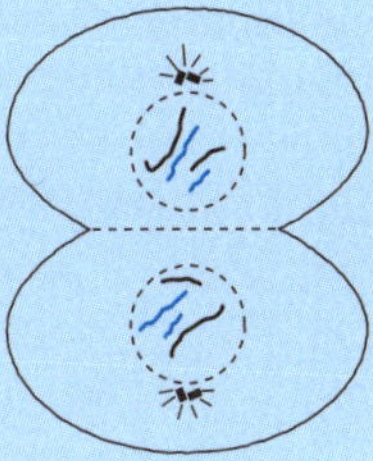

ZELLZYKLUS: WECHSEL ZWISCHEN INTERPHASE UND MITOSE

Die neuen Zellen beginnen nach der Zellteilung (in der G_1-Phase der **Interphase**) mit der Verwirklichung der genetischen Information. Sie produzieren Proteine, betreiben Stoffwechsel und wachsen. Zellen, die sich nicht mehr teilen, bleiben in diesem Zustand (der dann G_0-Phase heißt).

Zellen, die sich weiter teilen, treten anschließend in eine **Synthesephase** (S-Phase) ein, in der die DNA wieder verdoppelt wird. Nach einer kurzen **Ruhephase** (G_2-Phase) kann die nächste Mitose stattfinden.

Der Wechsel zwischen Mitose und Interphase wird als **Zellzyklus** bezeichnet.

Chromosom im Zellzyklus

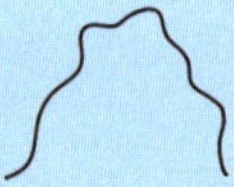

G_1-Phase: Jedes Chromosom besteht aus einem entspiralisierten Chromatid. Die Proteinbiosynthese findet statt.

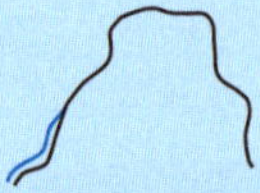

S-Phase: Die DNA der Chromosomen wird verdoppelt.

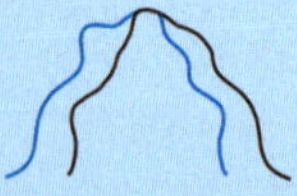

G_2-Phase: Jedes Chromosom besteht aus zwei entspiralisierten Chromatiden, die am Zentromer zusammenhängen.

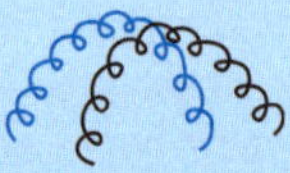

Prophase: Die zweichromatidigen Chromosomen werden durch Kondensation der DNA sichtbar.

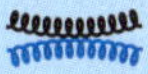

Metaphase: Die zweichromatidigen Chromosomen sind maximal verkürzt.

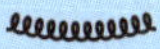

Anaphase: Die Chromosomen sind am Zentromer getrennt worden und wieder einchromatidig.

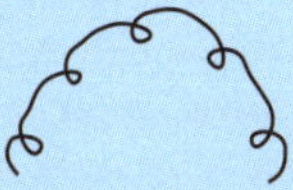

Telophase: Einchromatidige Chromosomen entspiralisieren wieder.

Stammzellen

Im menschlichen Körper sind längst nicht mehr alle Zellen teilungsfähig. Viele Zellen sind „ausdifferenziert", das heißt, dass sie durch Aktivierung ganz bestimmter Gene eine ganz bestimmte Aufgabe übernehmen. Eine Zelle in der Netzhaut des Auges kann Licht in elektrische Spannung umwandeln, eine Zelle in der Magenwand produziert Verdauungsenzym und eine Herzzelle kann sich auf ein elektrisches Signal hin zusammenziehen.
Diese ausdifferenzierten Zellen haben ihre Teilungsfähigkeit verloren. Dennoch müssen sie ersetzt werden. Dies übernehmen darauf spezialisierte Zellen, die sogenannten Stammzellen.

Eine befruchtete Eizelle kann durch Teilung einen ganzen Menschen hervorbringen. Man nennt sie deshalb totipotent („alles könnend"). Auch für die Zellen des Embryos nach den ersten Teilungen gilt dies noch weitgehend, sie sind pluripotent („das meiste könnend")
Diese Zellen des Embryos nennt man auch „embryonale Stammzellen". Man forscht danach, wie man eine embryonale Stammzelle behandeln muss, dass sie sich teilt und ganz bestimmte Gewebe erzeugt. So kann man z. B. Haut oder Herzgewebe erzeugen und damit Verbrennungen bzw. zerstörtes Herzgewebe heilen.

Das Problem besteht darin, dass die embryonalen Stammzellen, die in den Forschungslaboratorien untersucht werden, natürlich von ganz bestimmten Embryonen stammen und dass das daraus erzeugte Gewebe genauso abgestoßen wird wie transplantierte Organe.

Außerdem sind mit der „verbrauchenden“ Embryonenforschung große ethische Probleme verbunden. Um mit embryonalen Stammzellen zu arbeiten, muss man in der Regel einen menschlichen Embryo zerstören. Dies könnte ein im Reagenzglas gezeugter Embryo sein, der nicht eingepflanzt wurde. In Deutschland ist dies nach dem Embryonenschutzgesetz verboten. Unter strengen Auflagen darf man mit Abkömmlingen von embryonalen Stammzellen aus anderen Ländern experimentieren.

Für Heilungszwecke müsste man das therapeutische Klonen anwenden und einer embryonalen Stammzelle den Kern entnehmen und mit dem Kern der zu heilenden Person ersetzen. Damit würden Gewebe entstehen, die nicht abgestoßen werden.

Neben diesen embryonalen Stammzellen gibt es im Körper noch die adulten Stammzellen. Sie sind darauf spezialisiert, ganz bestimmte Zelltypen nachzuliefern. So besteht die Keimschicht der Haut aus diesen Stammzellen, die die Hautzellen ersetzen. Die Zellen des Knochenmarks können die verschiedenen Blutzellen nachbilden (multipotente Zellen = „vieles könnend“).

Es gibt die Hoffnung mit vielversprechenden Forschungsergebnissen, dass man adulte Stammzellen und sogar normale Körperzellen wieder in embryonale Stammzellen zurückverwandeln kann. Dadurch könnte man heilendes Gewebe erzeugen, das nicht abgestoßen wird, ohne einen Menschen zu klonen und einen Embryo zu töten.

2 Grundlagen der Vererbung

QUICK-FINDER

Meiose – Bildung der Keimzellen

- Ziel: Produktion von Keimzellen ➤ Reduktion des diploiden auf einen haploiden Chromosomensatz ➤ **S. 26**
- Zwei Teilungsschritte: Reduktionsteilung und Äquationsteilung ➤ **S. 26**
- Unterschiede bei Spermien- bzw. Eizellenbildung ➤ **S. 29**

SPEZIALTHEMA: Vergleich Mitose – Meiose ➤ **S. 30**

Mendel'sche Regeln zur Vererbung

- Gregor Mendel ist der Begründer der Genetik ➤ **S. 32**
- Uniformitätsregel: reinerbige Eltern ➤ gleichartige Nachkommen ➤ **S. 32**
- Spaltungsregel: mischerbige Eltern ➤ verschiedene Nachkommen ➤ **S. 34**
- Unabhängigkeitsregel: Eigenschaften werden unabhängig vererbt ➤ **S. 36**

Genkopplung

- Thomas Hunt Morgan erforscht Genkopplung an Drosophila ➤ **S. 38**
- Kopplung von Genen durch gemeinsame Lage auf einem Chromosom ➤ **S. 38**
- Entkopplung durch Crossing-over möglich ➤ **S. 39**

QUICK-FINDER

Vererbung des Geschlechts

- XY-Mechanismus → **S. 40**
- Andere Möglichkeiten → **S. 41**

Blutgruppen

- Es gibt die Blutgruppen A, B, AB und 0 → **S. 42**
- Die Blutgruppen bezeichnen Oberflächenstrukturen (= Antigene) auf den Erythrozyten → **S. 42**
- Gegen gruppenfremde Antigene bilden sich Antikörper → **S. 42**
- Kodominante Vererbung → **S. 43**
- Rhesusfaktor → **S. 44**

Genetisch bedingte Krankheiten.

- Auch manche Krankheiten sind erblich → **S. 45**
- Dominante Krankheiten (Marfan-Syndrom, Chorea Huntington) → **S. 46**
- Rezessive Krankheiten (Mukoviszidose, Phenylketonurie) → **S. 46**
- Gonosomale Krankheiten (Hämophilie, Rot-Grün-Blindheit) → **S. 47**
- Numerische Genommutationen (Trisomie 21, Klinefelter-Syndrom, Turner-Syndrom) → **S. 49**

Meiose – Bildung der Keimzellen

ZIEL: PRODUKTION VON KEIMZELLEN → REDUKTION DES DIPLOIDEN AUF EINEN HAPLOIDEN CHROMOSOMENSATZ Der biologische Sinn der Meiose ist ein ganz anderer als der der Mitose. Die Meiose bei Säugetieren dient der **Bildung von Geschlechtszellen** (auch Keimzellen oder Gameten genannt). Bei der Verschmelzung zweier Geschlechtszellen entsteht ein neues Lebewesen. Wenn die Geschlechtszellen ganz normale Körperzellen wären, hätte das neue Lebewesen nicht nur einen diploiden, sondern einen tetraploiden Chromosomensatz. Dessen Kinder hätten dann jedes Chromosom achtmal usw. Damit dies nicht geschieht, wird bei der Bildung der **Keimzellen** der Chromosomensatz auf den einfachen Satz **halbiert**. Bei der Zygotenbildung ist das neue Lebewesen dann wieder diploid. Zur Reduktion des Chromosomensatzes ist es wichtig, dass von jedem homologen Chromosomenpaar ein Chromosom in die neue Zelle gelangt, damit alle Informationen weitergegeben werden können.

ZWEI TEILUNGSSCHRITTE: REDUKTIONSTEILUNG UND ÄQUATIONSTEILUNG Die Meiose läuft in **zwei Teilungsschritten** ab: In der Reduktionsteilung werden die Chromosomen der homologen Paare auf zwei Zellen verteilt, bei der Äquationsteilung werden dann die Chromatiden getrennt. Denn auch vor der Meiose wird jedes Chromosom verdoppelt, so dass es aus zwei Schwesterchromatiden besteht.

Reduktionsteilung (Meiose I)

Prophase I:
Die Kernmembran löst sich auf, die Chromosomen werden sichtbar, ein Spindelapparat bildet sich; die homologen Chromosomen paaren sich. Es kann zum Austausch von Stücken kommen (Crossing-over).

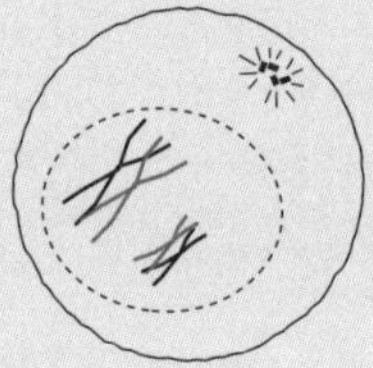

Metaphase I:
Die Chromosomenpaare ordnen sich in der Äquatorialebene an. Welches Chromosom eines Paares wo zu liegen kommt, ist Zufall. Die Spindelfasern setzen an den Zentromeren an.

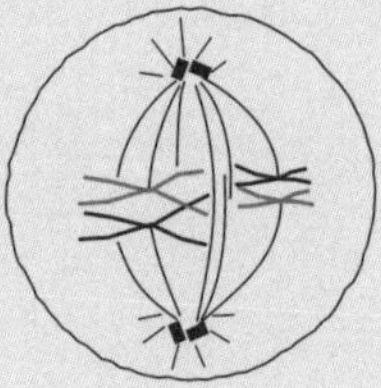

Anaphase I:
Chromosomen werden jeweils mit beiden Schwesterchromatiden zu einem Zellpol gezogen. Zu erkennen ist der Stückaustausch, der während der Prophase I stattgefunden hat.

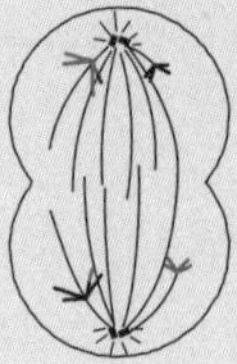

Telophase I:
Die Chromosomen werden nur ein wenig länger, es bildet sich keine neue Kernmembran. Die Zelle teilt sich. Der Chromosomensatz ist nun haploid.

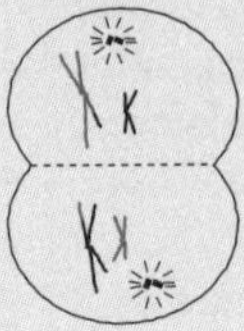

Bei der Äquationsteilung finden im Prinzip die Schritte der Mitose statt. Die beiden Schwesterchromatiden der Chromosomen werden getrennt. Als Ergebnis der Meiose erhält man vier haploide Zellen, bei denen sich je zwei gleichen, aber sich von den anderen beiden unterscheiden.

Telophase II

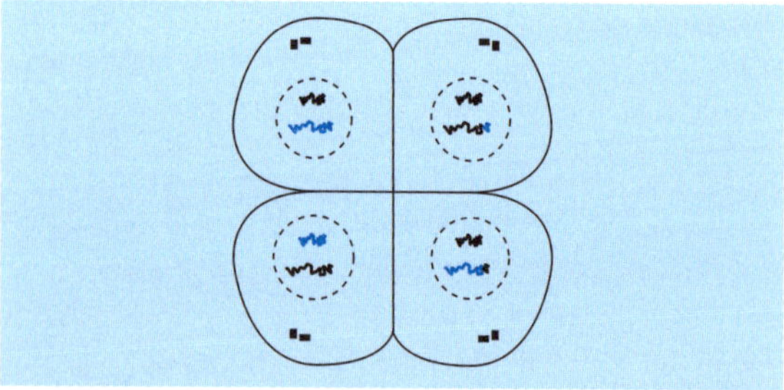

Da es Zufall ist, welches Chromosom in der Metaphase I oberhalb oder unterhalb der Äquatorialebene zu liegen kommt, gibt es 2^n mögliche Variationen für die neuen Zellen, wenn n die Zahl der Chromosomenpaare ist.

Beim Menschen sind das 2^{23}, also über acht Millionen Möglichkeiten. Da auch das Auftreten des Crossing-over zufällig ist, ist die Zahl der unterschiedlichen Keimzellen bei einem Menschen noch viel höher.
Dies ist der große evolutive Vorteil der geschlechtlichen Vermehrung. Je mehr unterschiedliche Nachkommen gebildet werden können, desto wahrscheinlicher ist einer der Nachkommen an eine evtl. veränderte Umwelt gut angepasst.

Bei manchen Lebewesen findet die Meiose zu einem anderen Zeitpunkt statt als bei den Wirbeltieren. Manche Einzeller sind haploid und vermehren sich durch Mitose, können aber zu einer diploiden Zelle verschmelzen, die durch Meiose wieder vier haploide Zellen bildet.

UNTERSCHIEDE BEI SPERMIEN- BZW. EIZELLENBILDUNG

Bei der **Bildung der Spermien** (Spermiogenese) sind die beiden Teilungen während der Meiose äqual, das heißt, dass das Zellmaterial gleichmäßig auf die Tochterzellen verteilt wird. Nach der Meiose entstehen so aus einer Urspermienzelle vier Spermien.

Bei der **Eizellenbildung** (Oogenese) sind die Teilungen inäqual. Bei der Reduktionsteilung wird eine große und eine sehr kleine Zelle gebildet. Bei der Äquationsteilung wird die große Zelle noch einmal in eine große und eine kleine Zelle geteilt, die kleine teilt sich gleichmäßig. So entstehen aus einer Ureizelle eine Eizelle und drei Pol- oder Richtungskörperchen, die später degenerieren.

Vergleich Mitose – Meiose

Die beiden Zellteilungen Mitose und Meiose weisen zwar Ähnlichkeiten auf, dienen aber völlig unterschiedlichen Zwecken.
Die Mitose ist für die Vermehrung der Zellen verantwortlich, die z. B. für das Wachstum oder den Zellersatz nötig ist. Es bilden sich identische Tochterzellen mit dem gleichen Chromosomensatz wie die Mutterzelle.
Die Meiose dagegen ist für die Bildung der Keimzellen verantwortlich und reduziert den Chromosomensatz der Ausgangszelle.

Deshalb gibt es wesentliche Unterschiede im Ablauf der beiden Zellteilungen:

Anzahl der Teilungen: Die Mitose ist nach einer Teilung abgeschlossen, die Meiose erst nach den beiden Teilungsschritten Reduktions- und Äquationsteilung. Deshalb werden bei der Mitose nur zwei, bei der Meiose vier Zellen gebildet.

Anordnung der Chromosomen: Bei der Mitose ordnet sich jedes Chromosom einzeln in der Äquatorialebene der Zelle an, so dass die beiden Chromatiden zu den Zellpolen gezogen werden können. Bei der Reduktionsteilung der Meiose ordnen sich die Chromosomenpaare an, damit jedes Chromosom eines Paares zu den Zellpolen gezogen wird. Bei der Paarung der Chromosomen während der Prophase I findet außerdem das Crossing-over statt.

Die Äquationsteilung der Meiose ähnelt der Mitose, weil sich hier die Chromosomen ebenfalls einzeln in der Äquatorialebene anordnen und die Chromatiden getrennt werden. Allerdings ist hier die Zelle bereits haploid, während sie bei der Mitose immer diploid bleibt.

Mendel'sche Regeln zur Vererbung

GREGOR MENDEL IST DER BEGRÜNDER DER GENETIK Der Augustinermönch **Gregor Mendel** forschte lange Zeit an Erbsenpflanzen und entdeckte Gesetzmäßigkeiten der Vererbung. Er entwickelte den Begriff der Erbanlage und versuchte sie durch Buchstabensymbole zu erklären. Durch die weiteren Forschungen kennt man heute auch die Ursachen für seine Gesetze.

UNIFORMITÄTSREGEL:
REINERBIGE ELTERN → GLEICHARTIGE NACHKOMMEN
1. Mendel'sche Regel (Uniformitätsregel, Reziprozitätsregel): Kreuzt man zwei reinerbige Individuen einer Art, die sich in einem Merkmal unterscheiden, so sind die Nachkommen in diesem Merkmal gleich. Dies gilt auch für die reziproke Kreuzung.

Man stellt die Individuen der **Eltern- oder Parentalgeneration** (P-Generation) und der Nachkommengeneration = **Filialgeneration 1** (F_1-Generation) gerne symbolisch dar. Dabei wählt man ein bildliches Symbol für die äußere Erscheinung (= **Phänotyp**). Für die Gene, die dieser Erscheinung zu Grunde liegen (**Genotyp**), wählt man ein Buchstabenpaar. Dabei gilt: Das Allel (= Variation eines Gens), das das andere unterdrückt, also das **dominante Allel**, wird mit einem Großbuchstaben bezeichnet. Das zurückweichende = **rezessive** Allel wird durch denselben Buchstaben als **Kleinbuchstabe** bezeichnet.

Zur Ableitung des Genotyps der F_1-Generation überlegt man die möglichen Keimzellen der Eltern. Jedes Allel kann in eine Keimzelle gelangen, die möglichen Keimzellen der Eltern können miteinander kombiniert werden.

Uniformitätsregel

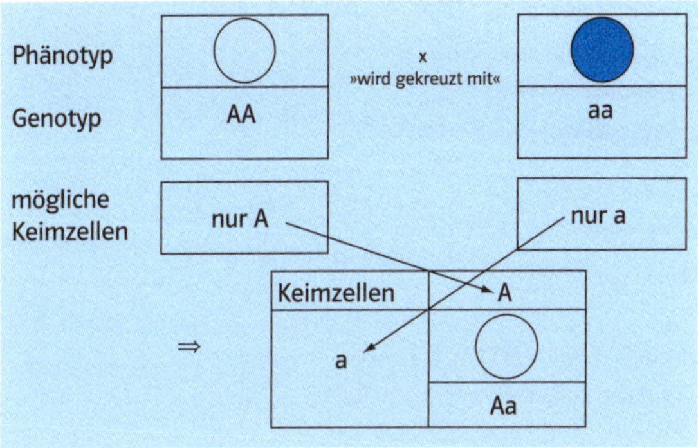

Man sollte unbedingt die Allelsymbole definieren, eventuell auch die Symbole für den Phänotyp. In diesem Beispiel:
A = Allel für weiß; a = Allel für rot

Reinerbige Individuen heißen **homozygot**, mischerbige nennt man **heterozygot**.

Ein Sonderfall ist die **intermediäre Vererbung**, bei der eine Mischform zwischen den beiden Phänotypen auftritt, z. B. eine rosa Blütenfarbe bei der Kreuzung von roten und weißen (reinerbigen) Wunderblumen.

Dabei wählt man nun **zwei Buchstaben für ein Merkmal**, entweder groß oder klein. Definitionen helfen dabei, den Überblick zu behalten.

Intermediäre Vererbung

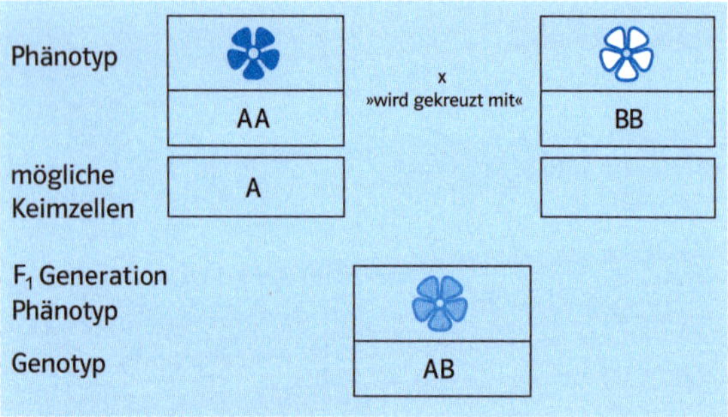

A – Allel für rote Blütenfarbe
B – Allel für weiße Blütenfarbe

SPALTUNGSREGEL: MISCHERBIGE ELTERN ➤ VERSCHIEDENE NACHKOMMEN 2. Mendel'sche Regel (Spaltungsregel): Kreuzt man die mischerbigen Individuen der F_1-Generation, so treten in der F_2-Generation die Merkmale der Parentalgeneration in einem festen Zahlenverhältnis wieder auf.

Auch diese Regel kann man mit Kombinationsquadraten ableiten:

Spaltungsregel

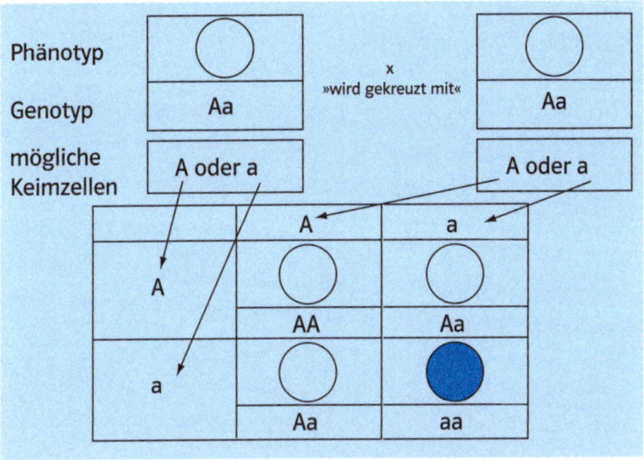

Hier treten die Merkmale weiß und rot auf, im Verhältnis 3 : 1. Dies ist nur ein statistischer Mittelwert, auch ein ermitteltes Verhältnis von 67 : 21 entspricht noch diesem Wert! Die reinerbigen Eltern hatten also die Genotypen AA (weiß) und aa (rot).

Der intermediäre Erbgang liefert mit der Spaltungsregel auch Individuen mit den Merkmalen der Parentalgeneration, aber auch Individuen mit dem Merkmal der F_1-Generation. Das Verhältnis liegt bei 1 : 2 : 1

Spaltungsregel beim intermediären Erbgang

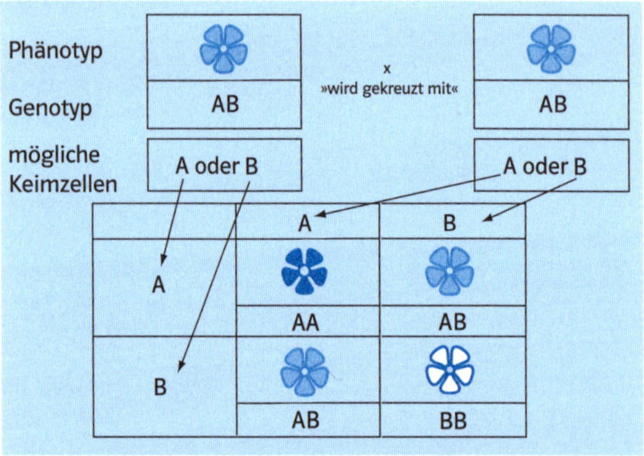

UNABHÄNGIGKEITSREGEL: EIGENSCHAFTEN WERDEN UNABHÄNGIG VERERBT 3. Mendel'sche Regel (Unabhängigkeitsregel): Kreuzt man Individuen, die sich in mehreren Merkmalen unterscheiden, so wird jedes Merkmal unabhängig von den anderen gemäß den ersten beiden Regeln vererbt.

Jetzt wird es ein wenig komplizierter, wenn mehrere Eigenschaften betrachtet werden (**dihybrider Erbgang**). Zunächst gilt wieder, dass die Allelsymbole definiert werden müssen. Für jedes Merkmal wird ein Buchstabe gewählt (Ausnahme intermediärer Erbgang), dominante Allele erhalten Großbuchstaben, rezessive Allele Kleinbuchstaben. Bei der Bildung der Keimzellen kann jedes Allel eines Merkmals mit jedem Allel des anderen Merkmals kombiniert werden.

So erhält man beim Genotyp AaBb folgende Keimzellen: AB, Ab, aB und ab. Wird ein Individuum mit einem anderen gekreuzt, das den Genotyp aabb besitzt (➔ nur die Keimzelle ab ist möglich), so ergibt sich folgendes: (A = Allel für weiß, a = Allel für rot, B = Allel für rund, b = Allel für eckig).

Unabhängigkeitsregel

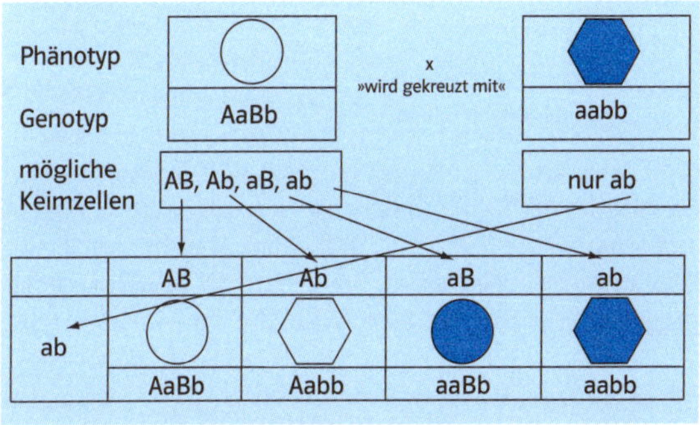

Bei der Formulierung der Genotypen werden die zu einem Merkmal gehörenden Allelsymbole nebeneinander geschrieben (also die gleichen Buchstaben), zuerst das dominante, dann das rezessive Allel. Ausnahmen bilden wieder intermediäre Erbgänge, bei denen man gut aufpassen muss.

Beispiel:
Merkmal Farbe: A = Allel für weiß, B = Allel für rot
Merkmal Form: C = Allel für rund, c = Allel für eckig
Ein mischerbiges Individuum, das rosa und rund ist, hat also den Genotyp ABCc. Seine möglichen Keimzellen sind: AC, Ac, BC und Bc.

Genkopplung

THOMAS HUNT MORGAN ERFORSCHT GENKOPPLUNG AN DROSOPHILA Gregor Mendel hatte mit der Wahl seiner Versuchsobjekte und den untersuchten Eigenschaften Glück, als er die Unabhängigkeitsregel aufstellte. Denn eigentlich sind sehr viele Eigenschaften eben nicht unabhängig in ihrer Vererbung, weil ihre Gene **gekoppelt** auf einem Chromosom liegen. Von der Existenz der Chromosomen wusste Mendel allerdings nichts.

Vor allem die Forschungen von **Thomas Hunt Morgan** an der **Fruchtfliege Drosophila melanogaster** sind mit dem Phänomen der Genkopplung zu nennen. Er prägte auch eine bestimmte Symbolschreibweise für die Allele der Fruchtfliegen: „Normale", so genannte **Wildtypfruchtfliegen** sind braun, haben rote Augen, gerade Flügel etc.

Für diese Eigenschaften wird als Allelsymbol immer ein + gewählt. **Mutanten** können einen schwarzen Körper haben (Symbol b für black), Stummelflügel besitzen (vg für vestigial) oder hellrote Augen haben (cn für cinnabar) usw.

KOPPLUNG VON GENEN DURCH GEMEINSAME LAGE AUF EINEM CHROMOSOM Da Fruchtfliegen nur vier Chromosomenpaare besitzen, sind zwangsläufig viele Gene auf **gemeinsamen Chromosomen** lokalisiert und werden zusammen vererbt. Dies drückt Morgan mit einem **verbindenden Strich** oberhalb oder unterhalb der Allelsymbole aus. Bei der Kreuzung einer reinerbigen Wildtypfliege mit der Doppelmutante b und vg (schwarz mit Stummelflügel), ergibt sich der folgende Erbgang:

Gekoppelte Gene

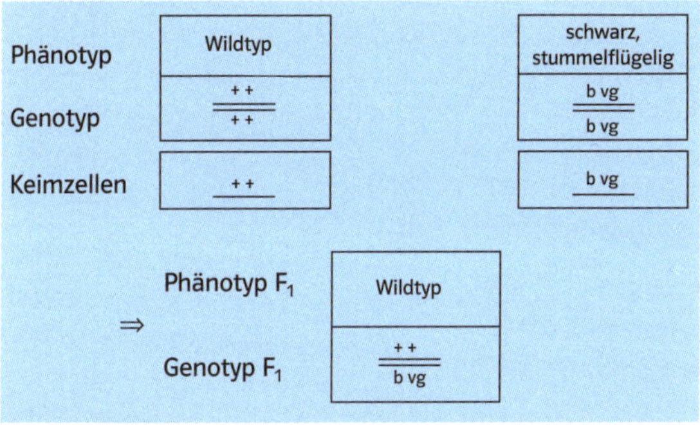

Bisher stimmt dies mit der Uniformitätsregel von Mendel überein: Reinerbige Eltern erhalten uniformen Nachwuchs. Die Allele für die mutierten Eigenschaften sind meist rezessiv. Wird nun eine Fliege der F_1-Generation mit einer Doppelmutante gekreuzt, würde man bei unabhängiger Vererbung vier Phänotypen erwarten: braun geradflügelig, braun stummelflügelig, schwarz geradflügelig und schwarz stummelflügelig. Da aber die Gene gekoppelt sind, erhält man nur zwei Phänotypen: Die Keimzellen sind entweder $\underline{+\ +}$ oder $\underline{b\ vg}$, die der Doppelmutante nur $\underline{b\ vg}$, so dass sich die beiden Genotypen $\frac{+\ +}{b\ vg}$ und $\frac{b\ vg}{b\ vg}$ bilden, also Wildtyp und Mutante.

ENTKOPPLUNG DURCH CROSSING-OVER MÖGLICH Morgan erhielt bei seinen Kreuzungen allerdings doch immer wieder auch Phänotypen, die es wegen der Genkopplung gar nicht geben dürfte, in obigem Fall also einige braune Fliegen mit Stummelflügeln und wenige schwarze mit geraden Flügeln.

Dies erklärt sich durch das **Crossing-over**, das bei Drosophila nur bei der Meiose der Weibchen stattfindet. So können bei einem mischerbigen Weibchen durch Stückaustausch der Chromosomen auch Keimzellen entstehen, bei denen + und vg oder b und + zusammentreffen:

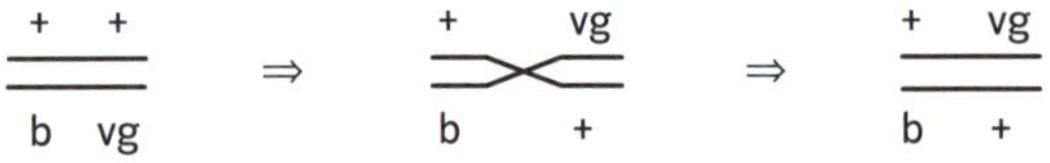

Werden diese Gameten mit b vg -Gameten kombiniert, so erhält man die abweichenden Phänotypen.
Dieser Stückaustausch ist umso häufiger, je weiter entfernt die Gene voneinander auf dem Chromosom liegen. Bei der besprochenen Kreuzung erhält man dann auch mehr „Ausreißer". Morgan entwickelte aus den Ergebnissen der Kreuzungen (Rück- oder Testkreuzungen des mischerbigen Weibchens mit einem Männchen, das die rezessiven Merkmale trägt) und den Abweichungen Genkarten der Drosophila-Chromosomen.

Vererbung des Geschlechts

XY-MECHANISMUS Bei Mann und Frau sind die Chromosomen nicht ganz identisch. Frauen haben neben 22 Chromosomenpaaren (**Autosomen**) ein Paar gleicher **Geschlechtschromosomen** (**Gonosomen**), die so genannten X-Chromosomen, Männer besitzen als Gonosomen ein X- und ein Y-Chromosom. Deshalb gibt es bei den Eizellen nur die Möglichkeit, dass neben den Autosomen ein X-Chromosom vorliegt, bei den Spermien kann entweder ein X- oder ein Y-Chromosom vorhanden sein. Je nachdem, welche Spermiensorte eine Eizelle befruch-

tet, ergibt sich eine männliche oder weibliche Zygote. Die Wahrscheinlichkeit beträgt theoretisch 50 %. In der Praxis zeigt sich aber beim Menschen, dass wesentlich mehr Buben gezeugt werden. Dies könnte daran liegen, dass die Spermien mit dem kleineren Y-Chromosom leichter und damit schneller sind als die Spermien mit dem X-Chromosom und somit schneller an der Eizelle ankommen.
Dieses Ungleichgewicht zugunsten der männlichen Nachkommen wird durch eine höhere Sterblichkeit der männlichen Embryonen, Feten und Säuglinge aufgehoben. Dabei spielen Fehler auf den X-Chromosomen eine Rolle; bei den weiblichen Nachkommen kann ein zweites X-Chromosom den Fehler ausgleichen, bei den männlichen nicht.

ANDERE MÖGLICHKEITEN Bei anderen Tierarten wird das Geschlecht ganz anders weitergegeben: So spielt bei der Drosophila-Fliege das Verhältnis der Autosomen zu den X-Chromosomen die ausschlaggebende Rolle: Liegt das Verhältnis bei größer oder gleich 1 (auf die drei Autosomenpaare trifft ein X-Chromosomenpaar), so entsteht ein Weibchen, ist es kleiner oder gleich 0,5 (auf die drei Autosomenpaare trifft nur ein einzelnes X-Chromosom), entsteht ein Männchen.
Bei Bienen entscheidet die Befruchtung der Eizelle über das Geschlecht. Unbefruchtete, haploide Eier werden zu Männchen, befruchtete Eizellen zu diploiden Weibchen.
Bei anderen Lebewesen entscheiden nicht die Gene, sondern die Umwelt über das Geschlecht, z. B. die Temperatur der Eier bei Krokodilen.
Anemonenfische können sogar ihr Geschlecht während des Lebens verändern.

Blutgruppen

ES GIBT DIE BLUTGRUPPEN A, B, AB UND 0 Die Entdeckung der Blutgruppen geht auf Karl Landsteiner zurück. Durch Experimente mit seinen **Blutkörperchen** und seinem **Blutserum** und denen seiner Mitarbeiter entdeckte er, dass nicht jedes Blutserum mit jeder Sorte roter Blutkörperchen mischbar ist, sondern dass es zu einer Verklumpung der Blutkörperchen kommen kann.

DIE BLUTGRUPPEN BEZEICHNEN OBERFLÄCHENSTRUKTUREN (= ANTIGENE) AUF DEN ERYTHROZYTEN Dies liegt daran, dass auf der Oberfläche der Erythrozyten genetisch bedingte Oberflächenstrukturen (**Antigene**) sitzen, die beim Kontakt mit den so genannten **Antikörpern** dazu führen, dass die Blutkörperchen verklumpen. Die Antikörper sind Y-förmige Eiweißstoffe, die sich bereits in früher Kindheit bilden und im Blutserum vorliegen.

GEGEN GRUPPENFREMDE ANTIGENE BILDEN SICH ANTIKÖRPER Allerdings besitzt ein Mensch natürlich **nur Antikörper gegen körperfremde Blutkörperchen**, denn sonst würde sein eigenes Blut verklumpen. Menschen mit der Blutgruppe A haben auf den Erythrozyten die Antigene A, im Serum die Antikörper Anti-B. Bei Blutgruppe B ist es umgekehrt. Wer die Blutgruppe AB besitzt, hat beide Antigene auf den roten Blutkörperchen und im Serum keine Antikörper.

Bei Blutgruppe 0 gibt es keine Antigene (die Blutkörperchen sind sozusagen glatt), aber dafür beide Antikörpersorten (Anti A und Anti B) im Serum.

Antigene und Antikörper

Blutgruppe	Erythrocyt	Antikörper im Serum
A	 Antigene A	 Anti B
B	 Antigene B	 Anti A
AB	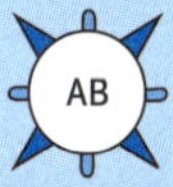 Antigene A und B	keine Antikörper
0	 keine Antigene	 Anti A und Anti B

Bei Blutspenden ist es wichtig, das Blut der eigenen Blutgruppe zu erhalten, damit sich keine lebensbedrohlichen Erythrozytenaggregate bilden.

KODOMINANTE VERERBUNG Bei der **Vererbung der Blutgruppen** gibt es den Sonderfall der **kodominanten Vererbung**: Wenn man die Allele für Blutgruppe A und Blutgruppe B erbt, bildet sich weder nur eine der Blutgruppen (wie beim dominant-rezessiven Erbgang) noch eine Zwischenform (wie bei intermediärer Vererbung) aus, sondern es treten **beide Antigene zusammen** auf, als Blutgruppe AB.

Die Allele A und B sind dominant gegenüber der Blutgruppe 0. Als Allelsymbole wählt man hier die Buchstaben A für Blutgruppe A, B für Blutgruppe B und 0 für Blutgruppe 0. Da man aber jeweils zwei Allele für das Merkmal „Blutgruppe" besitzt, kann ein Mensch mit Blutgruppe A den Genotyp AA oder A0 besitzen, ein Mensch mit Blutgruppe B entsprechend BB oder B0. Bei Blutgruppe AB steht aber der Genotyp mit AB fest, ebenso bei Blutgruppe 0, die nur mit dem Genotyp 00 auftritt.

Ein Elternpaar, bei dem einer Blutgruppe A und der andere B hat, könnte also Kinder mit allen vier Blutgruppen bekommen. Haben beide Eltern den Genotyp A0 bzw. B0, so kommen als Keimzellen A oder 0 bzw. B oder 0 in Frage, die zu AB (➤ Blutgruppe AB), A0 (➤ A), B0 (➤ B) oder 00 (➤ 0) kombiniert werden können. Durch gezielte Überlegung können so auch Vaterschaftsnachweise bzw. -ausschlüsse vorgenommen werden.

RHESUSFAKTOR Zusätzlich zum AB0-System gibt es den **Rhesusfaktor**. Es handelt sich um eine Oberflächenstruktur der Erythrozyten. Das Allel dafür ist dominant und wird oft mit dem Großbuchstaben D abgekürzt, während das Allel für das Nichtausbilden des Rhesusfaktors mit dem Kleinbuchstaben d angegeben wird.

Menschen ohne den Rhesusfaktor (= **rhesusnegative Menschen, rh^-**) haben nicht von vorneherein Antikörper gegen den Rhesusfaktor im Serum, sondern bilden sie **erst nach Kontakt** mit rhesuspositiven Blutkörperchen (z. B. bei fehlerhafter Blutübertragung oder bei der Geburt eines rhesuspositiven Kindes durch eine rhesusnegative Mutter). Dann allerdings wäre erneuter Kontakt mit rhesuspositivem Blut schädlich. Sehr schädlich ist es auch, wenn die gebildeten Antikörper einer rhesusnegativen Mutter durch die Plazenta in den Kreislauf eines rhesuspositiven Embryos gelangen. Deshalb sorgt man bei dieser Konstellation bereits bei einer ersten Geburt dafür, dass die Mutter keine Antiköper bildet. Dies geschieht durch Gabe künstlicher Antikörper, die die Antigene der fremden Blutkörperchen bedecken und quasi unsichtbar machen. Die künstlichen Antikörper werden abgebaut.

Die Vererbung des Rhesusfaktors folgt dem dominant-rezessiven Erbgang. Rhesuspositiv (Rh^+) kann man demnach mit den Genotypen DD und Dd sein, rhesusnegativ nur mit dem Genotyp dd.

Bezieht man den Rhesusfaktor mit ein, so lassen sich noch mehr Aufschlüsse über mögliche Väter von Kindern in Vaterschaftsprozessen gewinnen.

Genetisch bedingte Krankheiten

AUCH MANCHE KRANKHEITEN SIND ERBLICH Neben den Eigenschaften für Haarfarbe, Geschlecht, Blutgruppe etc. können auch genetisch bedingte Krankheiten vererbt werden. Außerdem können Fehler bei der Meiose zu Krankheiten führen.

DOMINANTE KRANKHEITEN (MARFAN-SYNDROM, CHOREA HUNTINGTON) Bei den Erbkrankheiten unterscheidet man dominante und rezessive Krankheiten. Bei den **dominanten Krankheiten** reicht bereits *ein* defektes Allel, um die Krankheit auszulösen. Betroffene vererben das Allel mit 50 % Wahrscheinlichkeit an ihre Kinder. Eine dominante Krankheit ist z. B. das **Marfan-Syndrom**. Ursächlich für viele Symptome ist ein schwaches Bindegewebe. Die Symptome sind u. a. überdehnbare Gelenkkapseln und Sehnen („Gummigelenke"), Deformationen der Linse und des Augapfels und damit Fehlsichtigkeit, verstärktes Längenwachstum der Knochen („Spinnenfingrigkeit"), Überdehnung des Aortenbogens mit der (tödlichen) Gefahr des Reißens der Aorta und Knochendeformationen, v. a. an Brust und Wirbelsäule.

Sehr tragisch ist die **Chorea Huntington**, die auch Veitstanz genannt wird. Bei dieser dominanten Krankheit werden im Erwachsenenalter Nerven im Gehirn zerstört, so dass es zunächst zu Bewegungs- und Gedächtnisstörung, später zu Demenz und schließlich zum Tod kommt. Da man nicht unbedingt weiß, ob man das defekte Gen von einem betroffenen Elternteil geerbt hat, ist es von quälender Ungewissheit, ob man diese Krankheit erleiden wird oder nicht. Auch ein eventueller Kinderwunsch wird von dieser Frage beeinflusst. Ein genetischer Test kann bei der Beantwortung dieser Fragen helfen.

REZESSIVE KRANKHEITEN (MUKOVISZIDOSE, PHENYLKETONURIE) Bei den **rezessiven Krankheiten**, die häufig Generationen überspringen, müssen zwei defekte Allele zusammentreffen, um die Krankheit zu verursachen. Dies ist häufig bei Verwandtenehen der Fall, die von gemeinsamen Vorfahren das gleiche, defekte Allel geerbt haben können. Es besteht eine Wahrscheinlichkeit von 25 %, dass zwei Heterozygote ein krankes Kind bekommen. Deshalb ist es hilfreich, wenn man weiß, ob man das defekte Allel trägt oder nicht. Bei manchen Krankheiten gibt es **Heterozygotentests**, die dies ermitteln können.

Die **Mukoviszidose** beruht auf einem Defekt bestimmter Ionenkanäle, der zur Bildung von zähem Schleim in Bronchien und Verdauungstrakt führt. Das Atmen ist sehr erschwert und die Verdauung funktioniert nur schlecht. Betroffene müssen sehr viel essen und durch Klopfmassagen und Inhalationen die Atemwege frei machen. Heterozygote Träger des Allels kann man an einer erhöhten Chloridkonzentration im Schweiß erkennen.

Eine häufig zitierte rezessive Krankheit ist die **Phenylketonurie**, bei der ein Enzym des Eiweißabbaus defekt ist. Die Anreicherung von Phenylalanin und der Mangel am Folgeprodukt Tyrosin kann besonders bei Kindern zu Nervenschäden führen. Eine phenylalaninarme und tyrosinreiche Diät hilft die Folgen des Gendefekts zu vermeiden.

GONOSOMALE KRANKHEITEN (HÄMOPHILIE, ROT-GRÜN-BLINDHEIT) Manche Krankheiten sind auf den Gonosomen lokalisiert, man nennt sie **gonosomale Erbkrankheiten**. Die defekten Allele befinden sich auf dem X-Chromosom; meist sind diese Krankheiten rezessiv, so dass Frauen seltener davon betroffen sind, weil sie zwei X-Chromosomen besitzen. Jungen, die ein defektes Chromosom von der Mutter erben, können den Fehler nicht ausgleichen, da sie ja vom Vater nur ein Y-Chromosom erhalten haben.

Deshalb sind **die meisten Kranken männlich**. **Frauen** sind bei diesen Krankheiten praktisch nur **Überträgerinnen**: Sie tragen das defekte Allel und können es weitergeben, sind aber wegen des zweiten Allels nicht krank. Recht häufig ist die harmlose **Rot-Grün-Blindheit**, bei der der Betroffene Schwierigkeiten hat, die Farben Rot und Grün zu unterscheiden.

Unter den männlichen Nachkommen der Königin Victoria gab es viele **Bluterkranke**. Diese Krankheit, die auch **Hämophilie** heißt, beruht auf dem Fehlen eines Blutgerinnungsfaktors. Das Blut gerinnt sehr langsam, so dass kleine Verletzungen zu schlimmen Folgen führen. Kleine innere Blutungen können den Tod verursachen. Heute kann man den fehlenden Faktor medikamentös ersetzen.

Bei allen diesen Krankheiten kann man durch eine **Stammbaumanalyse** abschätzen, mit welcher Wahrscheinlichkeit ein Elternpaar kranke Kinder bekommt. In den Stammbäumen werden Frauen mit Kreisen, Männer mit Quadraten dargestellt. Kranke Personen werden durch ausgefüllte Symbole dargestellt. Dennoch sollte man bei der Erstellung eines Stammbaums die Symbole definieren. Die folgenden Beispiele stellen Stammbäume für dominante und rezessive Merkmale dar.

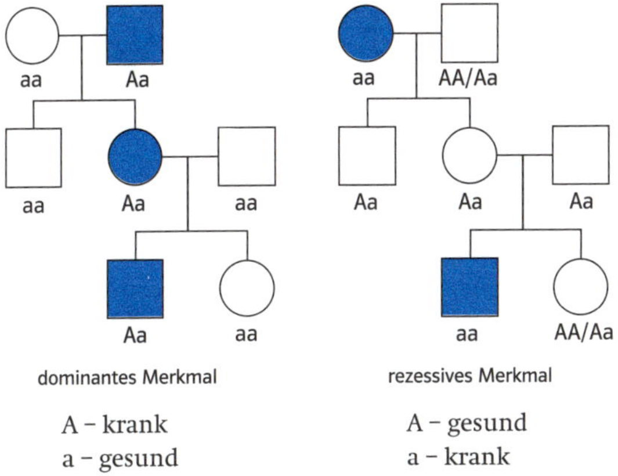

NUMERISCHE GENOMMUTATIONEN (TRISOMIE 21, KLINEFELTER- UND TURNER-SYNDROM)

Nicht direkt erblich sind Krankheiten, die durch numerische Chromosomenfehler zu Stande kommen, bei denen also die Zahl der Chromosomen nicht stimmt.
Bekannt ist die **Trisomie 21**, die zum **Down-Syndrom** führt (früher als Mongolismus bezeichnet). Symptome sind das bekannte äußere Erscheinungsbild, geringe Intelligenz, manchmal Taubheit, Herzfehler oder Leukämie. Oft sind betroffene Menschen besonders gefühlvoll, freundlich und anhänglich. Die Ursache dieses Syndroms ist das Vorhandensein von drei statt zwei Chromosomen 21.

Dies kann zu Stande kommen, wenn sich bei der Meiose in der Reduktionsteilung die beiden 21-Chromosomen nicht trennen (**Non-Disjunction**), sondern gemeinsam in eine Zellhälfte gelangen; auch das Ausbleiben der

Chromatidentrennung bei der Äquationsteilung führt dazu, dass zwei Chromosomen 21 in der Keimzelle sind. Kommt das Chromosom 21 aus dem Spermium dazu, so liegen drei 21-Chromosomen vor. Dieser Meiosefehler kommt vor allem bei der Eizellenbildung vor. Gehäuft tritt er bei **älteren Frauen** auf, so dass die Gefahr auf ein krankes Kind mit dem Alter der Mutter steigt.

Trennungsfehler bei der Meiose sind auch die Ursache für gonosomale, numerische Genomaberrationen. Männer mit dem Genotyp XXY haben das **Klinefelter-Syndrom**, das durch kleine Geschlechtsorgane, höhere Stimme und Unfruchtbarkeit gekennzeichnet ist. Die einzige nicht tödliche Monosomie haben Frauen mit dem **Turner-Syndrom**. Sie haben nur ein X-Chromosom. Es sind sehr kleine Frauen, die ohne Hormongaben nicht in die Pubertät kommen. Auch sie sind unfruchtbar.

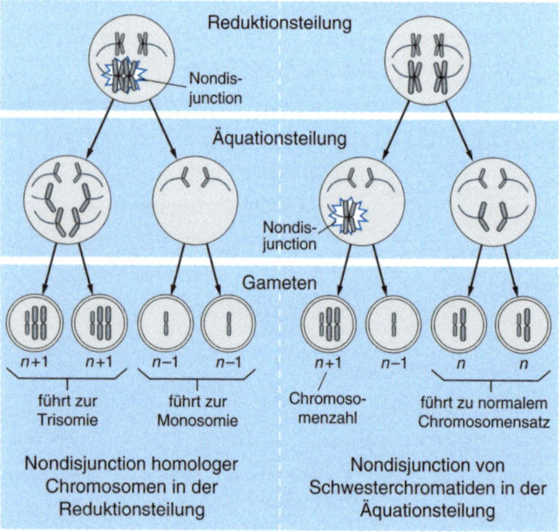

3 Molekulargenetik

QUICK-FINDER

QUICK-FINDER

Proteinbiosynthese mit Transkription und Translation

- Transkription: Kopie des Codestrangs als m-RNA herstellen → S. 66
- Translation: Übersetzen der m-RNA am Ribosom durch t-RNA-Moleküle in Aminosäuresequenz → S. 67

Genwirkketten

- Genbegriff → S. 69
- Zusammenwirken von Genen → S. 69

Mutationen

- Genmutation: Punktmutation, Rastermutation → S. 70
- Chromosomenmutation: Deletion, Duplikation, Translokation, Inversion → S. 71
- Genommutation: z. B. Trisomien → S. 71

Regulation der Genaktivität nach Jacob/Monod

- Operon-Modell → S. 72
- Induktion: Durch den Effektor wird die Repression aufgehoben und die Transkription induziert. → S. 72

QUICK-FINDER

- Repression: Durch den Effektor wird die Transkription der Strukturgene reprimiert. ➛ S. 74

Gentechnik bei Bakterien

- Bakterien lassen sich verändern ➛ S. 75
- Konstruktion eines Hybridplasmids bzw. Vektors ➛ S. 75
- Bakterien mit Hybridplasmid transformieren ➛ S. 76
- Transformierte Bakterien selektieren (Ampicillin, X-Gal) ➛ S. 76

Gentechnik bei Pflanze, Tier und Mensch

- Grüne Gentechnik ➛ S. 77
- Gentechnik bei Tieren ➛ S. 78
- Gentechnische Methoden in Medizin und Kriminalistik ➛ S. 79

Bakteriengenetik

BAKTERIEN ALS FORSCHUNGSOBJEKTE Um die molekulare Wirkungsweise der Gene zu erforschen, eignen sich Bakterien besonders gut. Sie haben nur ein **ringförmiges Chromosom**, keinen Zellkern, vermehren sich schnell durch Teilung und sind leicht zu kultivieren. Die Verwirklichung der genetischen Information ist relativ einfach. Daneben können Bakterien kleine DNA-Ringe besitzen, die man Plasmide nennt und auf denen Gene für zusätzliche Eigenschaften lokalisiert sind, z. B. Antibiotika-Resistenz. Diese kann man für die Gentechnik nutzen.

TRANSFORMATION: NACKTE DNA WIRD AUFGENOMMEN (GRIFFITH/AVERY) Die Erkenntnis, dass das Molekül **Desoxyribonukleinsäure** (➤ DNS oder DNA) als Träger der Vererbung fungiert, wurde durch Experimente von **Griffith** und **Avery** gewonnen. Griffith entdeckte, dass abgetötete, ursprünglich virulente (= krank machende) Pneumokokken (Lungenentzündungserreger) harmlose Pneumokokken dazu bringen, ebenfalls virulent zu werden. Die Bakterien lösen nur dann Lungenentzündung aus, wenn sie eine Schleimkapsel bilden können, die sie vor dem Immunsystem des Wirtes verbirgt. Die abgetöteten Bakterien, die eine Kapsel bilden konnten, enthielten also einen Stoff, der die kapsellosen, harmlosen Bakterien dazu brachte, die Kapsel zu bilden.
Avery gelang der Nachweis, dass dieser Stoff die DNA ist (möglich wären auch Aminosäuren, Kohlenhydrate etc. gewesen). Die kapsellosen Bakterien nehmen die „nackte“ DNA der virulenten Bakterien auf, bauen sie in ihr Chromosom ein und werden dadurch befähigt, ebenfalls

eine Kapsel zu bilden. Diesen Vorgang der DNA-Aufnahme nennt man **Transformation**.

KONJUGATION: ZWEI BAKTERIEN BILDEN SEXPILUS UND DAS F-PLASMID WIRD ÜBERTRAGEN Eine andere Möglichkeit für Bakterien, Gene auszutauschen, ist die **Konjugation**. Dabei bildet sich zwischen zwei Bakterien eine **Plasmabrücke** aus (der „Sexpilus“), über die Gene übertragen werden. Voraussetzung dafür ist ein Plasmid (F-Plasmid) oder ein bestimmter Genabschnitt im Chromosom. Dieser Fertilitätsfaktor befähigt Bakterien zur Ausbildung der Plasmabrücke. Bei der Genübertragung wird v. a. dieser Fertilitätsfaktor übertragen, aber manchmal gelangen auch andere Gene von Bakterium zu Bakterium.

TRANSDUKTION: VIREN ÜBERTRAGEN ZUFÄLLIG AUCH BAKTERIEN-DNA An der dritten Möglichkeit des Gentransfers sind **Viren** beteiligt. Man nennt sie **Transduktion**. Viren, die Bakterien befallen, heißen **Bakteriophagen** oder nur Phagen. Sie vermehren sich auf zwei Arten:
Lytischer Zyklus: Ein Phage dockt an einem Bakterium an und injiziert seine DNA. Das Bakterium muss seine eigene Arbeit einstellen, seine DNA wird abgebaut. Es werden nur noch Viren-DNA und Viren-Proteine (Hüllen für die DNA) gebildet. Diese setzen sich zu neuen Phagen zusammen, das Bakterium platzt und die Phagen werden frei. Beim Zusammensetzen der Phagenproteine mit der DNA kann es dazu kommen, dass ein Stück Bakterien-DNA in die Phagenhülle gelangt. Infiziert dieser Phage ein neues Bakterium, so überträgt er die Bakterien-DNA.
Lysogener Zyklus: Hier wird die injizierte Phagen-DNA in das Bakterienchromosom eingebaut und mit dem Bakterium vermehrt, so dass bald in der gesamten Nach-

kommenschaft des Bakteriums Viren-DNA enthalten ist. Verschlechtern sich die Lebensbedingungen für das Bakterium, so kann die Viren-DNA wieder austreten und wiederum die Bildung von neuer Viren-DNA und Viren-Proteinen auslösen, bis das Bakterium platzt (Übergang zum lytischen Zyklus). Beim Austreten der Viren-DNA aus dem Bakterienchromosom kann es dazu kommen, dass ein Stück der Bakterien-DNA mit austritt, mit der Viren-DNA vermehrt wird und in Phagenhüllen gelangt. So wird bei der Infektion weiterer Bakterien auch diese Bakterien-DNA weitergegeben.

Aufbau der DNA

WATSON UND CRICK An der Aufklärung der Struktur der DNA waren die Forscher James Watson und Francis Crick beteiligt, aber auch die weniger bekannte Rosalind Franklin und Maurice Wilkins. Watson und Crick entwickelten das Modell der **Doppelhelix**. Sie erhielten zusammen mit Wilkins (R. Franklin war bereits an Krebs gestorben) 1962 den Nobelpreis.

DOPPELHELIX Die DNA sieht aus wie eine in sich gedrehte Strickleiter. Sie besteht aus dem Zucker **Desoxyribose** und **Phosphorsäure**. Diese Komponenten bilden die „Holme“ der Doppelhelix. Zwischen ihnen bestehen chemisch gesehen Phosphodiesterbindungen.

Die „Stufen“ der Strickleiter werden durch **Basenpaare** gebildet. Die vier **Basen Adenin, Cytosin, Guanin und Thymin** sind mit der Desoxyribose verbunden. Sie paaren sich durch Wasserstoffbrückenbindungen. Adenin bildet mit Thymin ein Paar, Cytosin mit Guanin. Die C-Atome des Zuckerrings werden durchnummeriert, beginnend mit 1' bis 5'. Am 1'-C-Atom ist die Base gebunden, am 3'-C-Atom und am 5'-C-Atom sitzen OH-Gruppen, die die Esterbindung mit der Phosphorsäure eingehen. Deshalb gibt es an jedem „Holm" ein **3'- und ein 5'-Ende**. Die Holme sind aber gegenläufig. In der Abbildung auf S. 58 steht das P für die Phosphorsäurediesterbindung, nicht für ein einfaches Phosphoratom.

Phosphorsäurediesterbindung

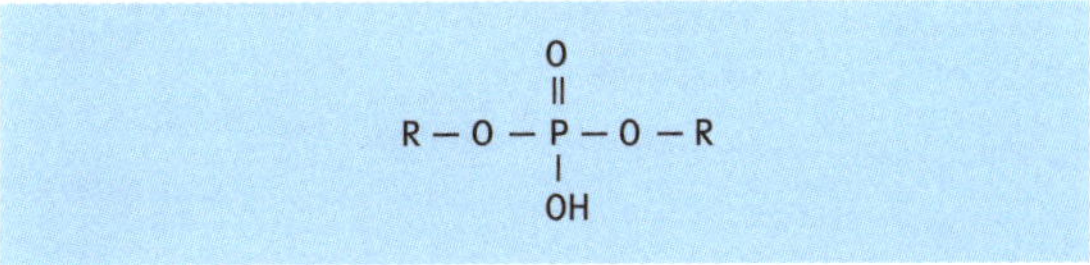

NUKLEOTIDE AUS PHOSPHORSÄURE, ZUCKER UND BASE

Da die chemische Struktur der Phosphorsäurediesterbindung recht unübersichtlich ist, wird meistens eine Symbolschreibweise gewählt, bei der die Zucker-Nukleotid- Phosphorsäure-Bausteine mit einem Symbol für eine der vier Basen verbunden sind. Zwei der Basensymbole passen jeweils zusammen. Eine Einheit aus Zucker, Phosphat und Base nennt man **Nukleotid**.

Nukleotid

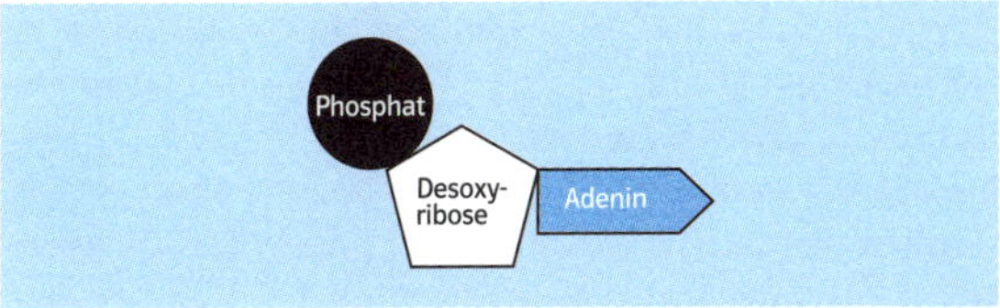

Bau der DNA chemisch – schematisch

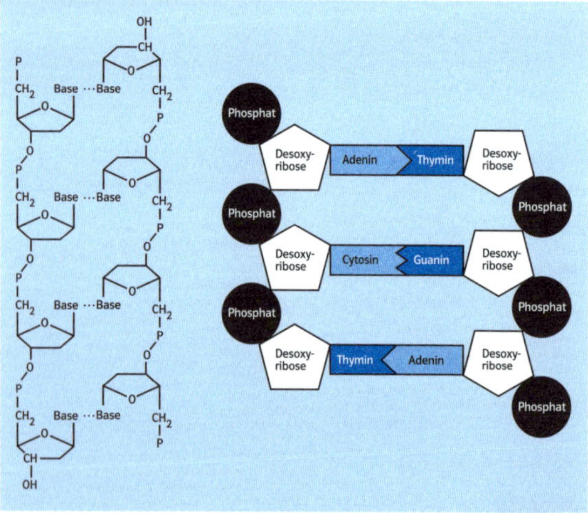

Verdoppelung der DNA (Replikation)

EXPERIMENT VON MESELSON UND STAHL ZUM SEMIKONSERVATIVEN MECHANISMUS Vor der Zellteilung wird die DNA verdoppelt. Von den Forschern **Meselson** und **Stahl** wurde geklärt, dass die Verdoppelung oder **Replikation** einem **semikonservativen** Mechanismus folgt. Das heißt, dass eine Hälfte der neuen DNA vom ursprünglichen Strang stammt und die andere Hälfte neu ist. Sie erforschten die Replikation mit „schwerer" DNA, die das Stickstoffisotop N-15 enthielt. Zur Verdoppelung standen aber nur Nukleotide mit normalem Stickstoff zur Verfügung. Durch Zentrifugation in einem Dichtegradienten stelle sich heraus, dass die erste neue DNA-Generation „halbschwer“ war, bei den folgenden trat noch normale DNA auf.

Semikonservativer Replikationsmechanismus

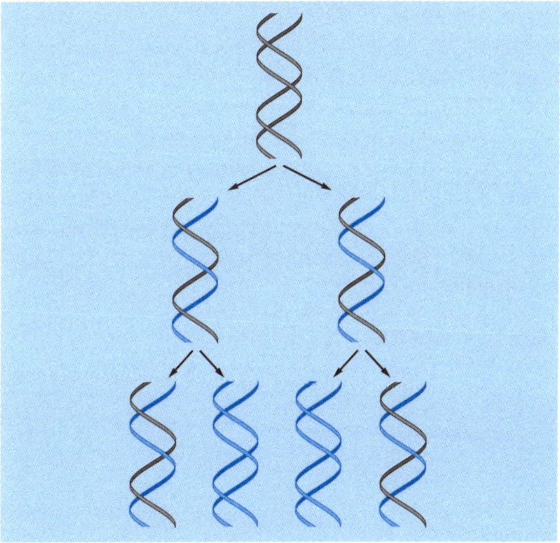

Schwarz: Schwere DNA mit N-15
Rot: normale DNA mit N-14

ABLAUF Zur Replikation wird der Ursprungsstrang an einer Stelle durch das Enzym Helicase in die Einzelstränge getrennt. Das Enzym **DNA-Polymerase** wandert hinter der Helicase her und fügt die passenden Nukleotide an einen Halbstrang an. Sie kann aber **nur vom 3'- zum 5'- Ende des alten Strangs** entlang wandern. Dies ist nur an einem der beiden Halbstränge kontinuierlich möglich. Am anderen Strang muss sie an der von der Helicase geöffneten Stelle beginnen und von dort weg synthetisieren, bis sie auf die bereits fertige DNA trifft. Sie löst sich ab und **springt wieder zurück an** die weiter hinten liegende geöffnete DNA-Stelle.

Dadurch entstehen kurze DNA-Stücke, die man **Okazaki-Fragmente** nennt. Das Zucker-Phosphat-Rückgrat muss an den Kontaktstellen noch durch das Enzym **Ligase** verbunden werden. Da ja die Basen Adenin und Thymin sowie Cytosin und Guanin zueinander passen, weil zwischen ihnen Wasserstoffbrücken gebildet werden können, ist durch diese **Basenpaarung** gewährleistet, dass der richtige, **komplementäre Strang** an der Ursprungshälfte gebildet wird.

Replikation der DNA

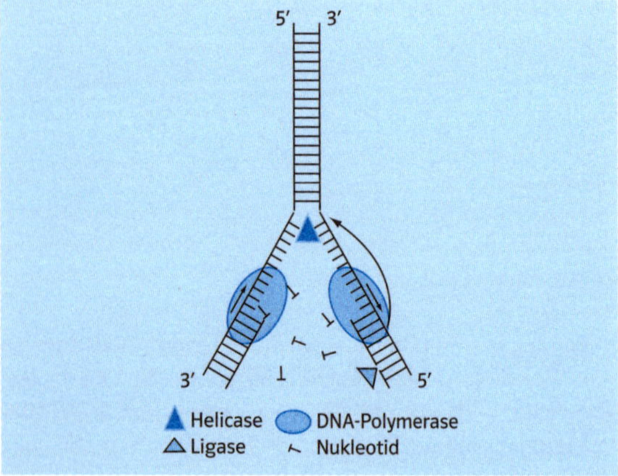

Proteine

AUFBAU DER PROTEINE In der DNA ist letztlich eine Bauanleitung für sehr viele Proteine oder Eiweißstoffe enthalten. Man hat deshalb einen DNA-Abschnitt, der für ein bestimmtes Protein codiert, als **Gen** bezeichnet. Proteine können trotz gleichen Bauprinzips sehr vielfältige Strukturen und Funktionen besitzen.

Proteine sind aus **Aminosäuren** aufgebaut. Es gibt 20 „proteinogene“ Aminosäuren. Chemisch gesehen besteht eine Aminosäure aus einer Carboxylgruppe $-COOH$, die mit einem C-Atom verbunden ist, an dem eine Aminogruppe $-NH_2$, ein H-Atom und ein Rest sitzt.

Aminosäure

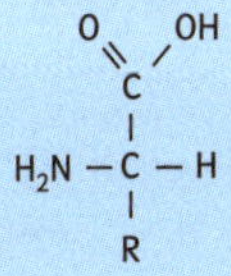

Der Rest unterscheidet die 20 Aminosäuren. Reste können neutral, sauer oder basisch, polar oder unpolar sein. In Proteinen sind mindestens 100 Aminosäuren miteinander verbunden. Sind es weniger, so spricht man von **Polypeptiden**. Die Aminosäuren reagieren miteinander, indem die Carboxyl- und die Aminogruppe sich verbinden und Wasser abspalten. Es entsteht eine **Peptidbindung**.

Peptidbindung

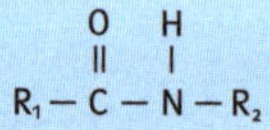

Die Art und Abfolge der Aminosäuren nennt man die **Primärstruktur** eines Proteins. Durch die Reste der Aminosäuren wird die weitere Struktur des Proteins bestimmt. Zunächst bildet sich die **Sekundärstruktur**, bei der sich das Peptidrückgrat entweder schraubt oder faltet (α-Helix oder β-Faltblatt). Die Reste können je nach chemischer Natur in Wechselwirkung treten, z. B. durch Van-der-Waals-Kräfte zwischen unpolaren Resten, Dipol-Dipol-Wechselwirkungen bei polaren Resten, elektrostatische Anziehung zwischen positiv geladenen basischen und negativ geladenen sauren Resten oder sogar durch Bildung einer echten Bindung zwischen Resten mit SH-Gruppen. Sie reagieren zu einer Disulfidbrücke.

Dadurch nimmt das Protein eine komplex gefaltete **Tertiärstruktur** ein, die ihm seine Funktion verleiht. Bei manchen Proteinen, z. B. beim Hämoglobin, treten mehrere Polypeptidketten zum fertigen Protein zusammen. Man spricht hierbei von der **Quartärstruktur**.

FUNKTION DER PROTEINE Da sich die 20 Aminosäuren schon bei einem 100 Aminosäure langen Protein zu 20^{100} Möglichkeiten kombinieren lassen, können Proteine sehr unterschiedliche Aufgaben übernehmen.
Zum einen gibt es **Strukturproteine**, die den Körper aufbauen, z. B. Bindegewebefasern oder Keratin in den Haaren. Andere Proteine dienen der **Immunabwehr** (Immunglobuline), dem **Transport** (Hämoglobin ➛ Sauer-

stoff!) oder der **Informationsübertragung** (Hormone, z. B. Insulin). Eiweißstoffe können auch als **Energiespeicher** dienen. Es gibt **kontraktile Proteine**, z. B. Aktin und Myosin im Muskel.
Eine sehr wichtige Eiweißklasse sind die **Enzyme**, die die Reaktionen im Körper beschleunigen und dadurch eigentlich ermöglichen (sonst würden sie sehr langsam ablaufen). Eine weitere Gruppe ist für die **Regulation** zuständig, z. B. auch für die Regulation der Genaktivität.

Letztlich ist also durch den Aufbau der Proteine, der in der DNA verschlüsselt ist, der Aufbau eines Organismus bestimmt.

Schlüssel-Schloss-Prinzip

Die Vielfalt der Proteine mit ihrer Tertiärstruktur ermöglicht das sogenannte Schlüssel-Schloss-Prinzip, das in vielen Bereichen der Biologie auftritt. Es treten dabei zwei Strukturen in Kontakt und lösen eine Reaktion aus. Die beiden Strukturen passen zusammen wie ein Schlüssel und das zugehörige Schloss. Lediglich ähnliche Strukturen können die Reaktion nicht auslösen.

Enzyme: Bei den Enzymen stellen diese das „Schloss" dar. Sie bestehen ganz oder teilweise aus Protein, sodass am aktiven Zentrum eine definierte dreidimensionale Struktur vorliegt, in die das umzusetzende Substrat wie ein Schlüssel hineinpasst. Ist die Verbindung hergestellt, so wird das Substrat zu einem Produkt umgesetzt. Das Schlüssel-Schloss-Prinzip führt hier zur Substratspezifität der Enzyme. Lediglich ähnliche Stoffe behindern sogar das Enzym als kompetitive Hemmstoffe.
Enzyme können noch eine zweite Stelle haben, die wie ein Schloss für einen Schlüssel auftreten: Das allosterische Zentrum kann einen allosterischen Hemmstoff oder Aktivator aufnehmen, durch den das Enzym behindert oder erst funktionsfähig wird. (siehe auch S. 103 ff)

Genregulation: Beim Jacob-Monod-Modell wirken ebenfalls Proteine als Repressoren. Sie binden durch ihre Tertiärstruktur an die Operatorgene und verhindern die Transkription. Bestimmte Moleküle binden sich als „Schlüssel" an die „Schloss"-Region des Repressors und lösen diesen vom Operator (➤ Induktion) oder ermöglichen erst die Bindung des Repressors an das Operatorgen (➤ Repression) (siehe S. 72 ff)

Immunbiologie: Die Antikörper in ihrer Vielfalt haben an ihren Bindungsstellen die „Schloss“-Region, in die die Antigene wie Schlüssel hineinpassen und somit durch die zweiarmigen Antikörper verklumpt werden. Der Vielzahl der möglichen Antigene steht die Vielfalt der möglichen Antikörper-Proteine gegenüber, die durch die Kombination einiger Gene in den Lymphozyten bewirkt wird. (siehe S. 84 ff)

Serum-Präzipitintest: Die Passgenauigkeit der Antikörper kann man auch zum Vergleich zweier Arten ausnutzen. Man kann Antikörper, die gegen die Serumproteine einer Tierart passgenau gebildet wurden, mit den Serumproteinen einer nah verwandten Art versetzen. Bei diesen Proteinen werden einige anders aufgebaut sein, so dass nicht alle Proteine mit den Antikörpern verklumpen. Am Grad der Verklumpung (Ausfällung) kann man den Verwandtschaftsgrad der beiden Tierarten ablesen.

Hormone: Hormone können ihre Wirkung an Zellen ebenfalls durch das Andocken an Rezeptorproteine bewirken. Der Rezeptor löst durch die Verbindung mit dem Hormon im Inneren der Zelle eine Reaktion aus.
(siehe S. 171 ff)

Neurotransmitter: An den Synapsen der Nervenzellen werden Signale durch das Schlüssel-Schloss-Prinzip der Neurotransmitter und der zugehörigen Rezeptoren weitergeleitet. Die Transmitter heften sich an die transmitterabhängigen Ionenkanäle (die aus Proteinen bestehen) und bewirken deren Öffnung. Je nach Art des Ionenkanals wird dadurch das Potenzial an der nachfolgenden Zelle verstärkt oder abgeschwächt. (siehe S. 171 ff)

Proteinsynthese mit Transkription und Translation

TRANSKRIPTION: KOPIE DES CODESTRANGS ALS M-RNA HERSTELLEN Damit ein bestimmter DNA-Abschnitt, der die Information für ein Protein enthält (also ein **Gen**), in das Protein übersetzt werden kann, wird zunächst eine Abschrift hergestellt, die bei den Eukaryonten den Zellkern verlassen kann. Diese Abschrift wird in Form der Messenger-Ribonukleinsäure (**m-RNA**) hergestellt. RNA ist nur **einsträngig**, enthält den Zucker **Ribose** (statt Desoxyribose) und die Base **Uracil** anstelle von Thymin.

Für die **Transkription** der DNA in m-RNA beginnt das Enzym **RNA-Polymerase** an einem **Promotor**. Dies ist eine bestimmte Basenabfolge auf der DNA. Sie bestimmt die Leserichtung für das Enzym. Wie bei der Verdoppelung wird auch hier der Teilstrang abgelesen, der vom 3'- zum 5'- Ende führt, so dass die m-RNA vom 5'- zum 3'- Ende synthetisiert wird. Durch den Promotor wird also bestimmt, welcher Strang der **codogene Strang** ist (der, der abgelesen wird) und welcher der **Codestrang** ist (der, zu dem die m-RNA quasi identisch ist). Eine Stopp-Sequenz auf der DNA beendet die Transkription.
Die Basenpaarung zwischen Adenin und Uracil bzw. Thymin und Adenin sowie zwischen Cytosin und Guanin sorgt dafür, dass die m-RNA durch einen DNA-Abschnitt eindeutig bestimmt ist.

Bei den Bakterien wird die m-RNA sofort in ein Protein übersetzt (translatiert). Bei den Eukaryonten muss die m-RNA noch weiterverarbeitet werden (sie wird **gespleißt**: Introns werden herausgeschnitten und an den Enden werden Basen angehängt).

TRANSLATION: ÜBERSETZEN DER M-RNA AM RIBOSOM DURCH T-RNA-MOLEKÜLE IN AMINOSÄURESEQUENZ Die **Translation** findet an den **Ribosomen** statt. Kombinationen von jeweils drei Basen (**Triplett**) codieren den Start, die einzelnen Aminosäuren und das Ende der Translation. Aus vier verschiedenen Basen lassen sich allerdings 64 Tripletts bilden. Daher sind viele Aminosäuren durch mehrere Tripletts codiert. Man spricht von einem **degenerierten oder redundanten Code**.

Welches Basentriplett zum Einbau welcher Aminosäure führt bzw. Start und Ende der Translation bestimmt, kann man in der **Codesonne** ablesen. Sie gilt für die Basenabfolge auf der m-RNA und wird von innen nach außen gelesen.

Codesonne

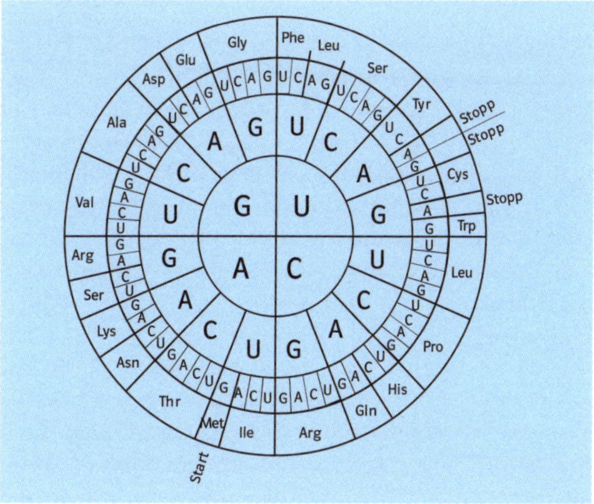

Neben der m-RNA und einem Ribosom werden für die Translation auch Transfer-RNA-Moleküle (**t-RNA**) benötigt. Diese Moleküle sind kleeblattförmig. Sie besitzen eine Region aus drei Basen, die als **Anticodon** zur m-RNA fungiert. Eine t-RNA mit dem Anticodon ACC passt zum **Codon** UGG. Sie transportiert somit die Aminosäure Tryptophan (Trp) zum Ribosom.

Die Translation beginnt, indem sich die beiden Untereinheiten eines Ribosoms mit der m-RNA am **Startcodon AUG** (vom 5'-Ende her gelesen) und der t-RNA mit dem Anticodon UAC, die mit Methionin beladen ist, zusammenlagern. Dazu tritt die t-RNA samt Aminosäure, die zum nächsten Basentriplett Richtung 3'-Ende komplementär ist. Das Ribosom verbindet die beiden Aminosäuren, rutscht ein Basentriplett weiter Richtung 3'-Ende der m-RNA und die erste t-RNA löst sich.

Es kommt eine weitere t-RNA, die zum Folgecodon passt, mit ihrer Aminosäure dazu, die Aminosäure wird angeknüpft, das Ribosom rutscht wieder weiter etc. Die frei gewordenen t-RNA-Moleküle werden im Zytoplasma erneut mit „ihrer“ Aminosäure beladen. An einem **Stoppcodon** gibt es keine passende, komplementäre t-RNA. Dort stoppt die Translation und die Ribosomenuntereinheiten, die m-RNA und die übrige t-RNA trennen sich voneinander.

Die **Proteinbiosynthese** ist damit beendet. Bereits während der Synthese nimmt das Protein seine Sekundär- und Tertiärstruktur ein. Das Protein wird eventuell in der Zelle weiterverarbeitet und tritt seine Funktion an.

Translation

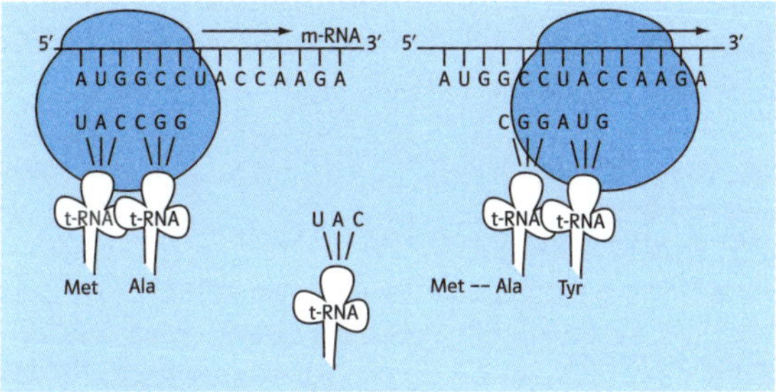

Genwirkketten

GENBEGRIFF Mendel bezeichnete als Gen eine damals nicht genauer definierte Struktur, die für ein Phän, also eine Eigenschaft eines Lebewesens verantwortlich ist, z. B. für die Blütenfarbe einer Pflanze. In der Molekularbiologie bezeichnet man heute als Gen einen DNA-Abschnitt, der den Code für ein Protein oder Polypeptid enthält (**Ein-Gen-ein-Polypeptid-Hypothese**). So können für die Blütenfarbe mehrere Gene verantwortlich sein, durch die verschiedene Enzyme gebildet werden, die aus einer Vorstufe den Farbstoff der Blüten bilden.

ZUSAMMENWIRKEN VON GENEN Wenn für eine bestimmte Eigenschaft oder eine Reihe von Stoffwechselschritten **mehrere Gene zusammenwirken** müssen, dann spricht man von einer **Genwirkkette**. Fällt ein Genprodukt aus, weil das Gen beschädigt ist, so können auch die weiteren Genprodukte nichts ausrichten. Häufig sind Genwirkketten an der Synthese von Aminosäuren beteiligt. Die Aminosäure Arginin wird bei einem Bakterienstamm aus einer Vorstufe über Ornithin und Citrullin hergestellt. Dazu sind drei Enzyme nötig, die jeweils durch ein Gen codiert werden:

	Gen 1		Gen 2		Gen 3	
	⇓		⇓		⇓	
	Enzym 1		Enzym 2		Enzym 3	
	⇓		⇓		⇓	
Vorstufe	⇒	Ornithin	⇒	Citrullin	⇒	Arginin

Eine Mutation auf einem der drei Gene führt dazu, dass letztlich Arginin nicht mehr hergestellt wird und das Bakterium nicht mehr wächst. Allerdings kann die Zugabe von Ornithin, Citrullin oder Arginin wieder zur Synthese von Arginin befähigen, wenn nur Gen 1, Gen 2 oder Gen 3 beschädigt ist.

Mutationen

GENMUTATION: PUNKTMUTATION, RASTERMUTATION Obwohl bei der Verdoppelung der DNA und auch sonst in der Zelle Reparaturenzyme ständig über die DNA wachen, kommt es spontan oder durch äußere Einflüsse zu Veränderungen des Erbguts, also zu **Mutationen**.

Man kann verschiedene Mutationen unterscheiden. Bei **Genmutationen** tritt eine Veränderung innerhalb eines Gens auf. Man kann dies mikroskopisch nicht erkennen, sondern nur die Auswirkungen beobachten. Dabei gibt es die **Punktmutation**, bei der eine Base verändert wird. Bei der Replikation kommt es dann bei einem Duplikat zur Veränderung eines ganzen Basenpaares. Dies kann harmlos sein (**stumme Mutation**), wenn in das Genprodukt dieselbe Aminosäure wie vorher eingebaut wird.

Mutiert z. B. auf dem Codestrang das Triplett TTT zu TTC, so wird in beiden Fällen die Aminosäure Phenylalanin in das Protein eingebaut. Wenn die Mutation dazu führt, dass eine chemisch ähnliche Aminosäure in das Protein gelangt, kann das Protein noch funktionsfähig sein, weil seine Tertiärstruktur nicht wesentlich geändert wird. Eine chemisch fremde Aminosäure führt zur Funktionslosigkeit, genauso die Mutation zu einem Stoppcodon. In diesen Fällen handelt es sich um **Nonsense-Mutationen**.

Sehr große Auswirkungen haben auch **Rastermutationen**, bei denen ein Nukleotid eingefügt wird oder wegfällt (Insertion bzw. Deletion). Dadurch wird das gesamte Triplettleseraster verschoben und es wird ein völlig anderes Protein gebildet.

CHROMOSOMENMUTATION: DELETION, DUPLIKATION, TRANSLOKATION, INVERSION Während Genmutationen nur ein Gen betreffen, sind **Chromosomenmutationen** manchmal noch schwerwiegender. Man erkennt sie im Mikroskop. Es können Stücke verloren gehen (**Deletion**), sich verdoppeln (**Duplikation**), ihren Ort verändern (**Translokation**) oder sich umkehren (**Inversion**).

GENOMMUTATION: Z. B. TRISOMIEN Bei der **Genommutation** wird die **Zahl der Chromosomen** verändert. Beispiel ist die Trisomie 21, die durch Non-Disjunction in der Meiose entstehen kann oder Polyploidisierungen bei Pflanzen, bei der sich der gesamte Chromosomensatz vervielfältigt. Nicht immer sind Mutationen schädlich; sie können auch zu Verbesserungen führen. Die Evolution der Lebewesen ist auf Mutationen zurückzuführen. **Auslöser** für Mutationen können mutagene Chemikalien, UV-Strahlen oder andere energiereiche Strahlen sein. Sie treten aber auch spontan auf.

Regulation der Genaktivität nach Jacob/Monod

OPERON-MODELL Da in einer Zelle alle Gene des gesamten Organismus enthalten sind, aber nur ein kleiner Teil tatsächlich verwirklicht wird, muss es Regelungen geben, die bestimmte Gene an- oder abschalten. Bei Bakterien ist diese Regulation schon recht gut untersucht. **Jacob** und **Monod** haben dies in ihrem Operon-Modell dargestellt. Sie entdeckten, dass es auch Gene gibt, die nur für Regulation anderer Gene zuständig sind, außerdem DNA-Abschnitte, die nicht in Protein übersetzt werden, sondern Ansatzstellen für regulierende Proteine sind.

Das **Operon-Modell** bei Bakterien behandelt die Regulation der Genaktivität von Genen, die für Enzyme codieren, die nicht immer gebraucht werden. Zum einen gibt es dabei Enzyme, die erst gebraucht werden, wenn ein bestimmter Stoff auftaucht und abgebaut werden soll. Dies funktioniert durch die **Induktion**. Unterdrückt wird Proteinbildung durch Repression.

INDUKTION: DURCH DEN EFFEKTOR WIRD DIE REPRESSION AUFGEHOBEN UND DIE TRANSKRIPTION DER STRUKTURGENE INDUZIERT Vor den Genen für die Enzyme (= **Strukturgene**) gibt es den zugehörigen **Promotor**, an dem die RNA-Polymerase beginnt, die Gene in m-RNA zu transkribieren. Zwischen dem Promotor und den Genen liegt aber eine Region, der **Operator**, an dem ein Protein sitzt und die Transkription verhindert. Dieses Protein heißt **Repressor** und wird durch ein Gen codiert, das an einer anderen Stelle im Bakterienchromosom liegt. Das Gen dafür nennt man **Regulatorgen**.

Die Einheit aus Promotor, Operator und Strukturgenen heißt **Operon**. Gelangt nun der Stoff (= Effektor), der durch die Enzyme abgebaut werden soll, die durch die Strukturgene codiert werden, in die Zelle, verbindet er sich mit dem Repressor. **Dieser ändert dadurch seine Struktur** und löst sich vom Operator. Die RNA-Polymerase wird nicht mehr behindert und transkribiert die Strukturgene. Die Enzyme werden hergestellt und der Stoff dadurch abgebaut. Wenn er vollständig abgebaut ist, löst er sich auch vom Repressor, dieser erhält wieder seine ursprüngliche Struktur und heftet sich an den Operator, so dass keine weiteren Enzyme synthetisiert werden. Das **lac-Operon** in E.-coli-Bakterien ist solch ein Operon. Gelangt Laktose als Effektor in die Zelle, so werden die Enzyme zum Laktoseabbau hergestellt.

Enzyminduktion

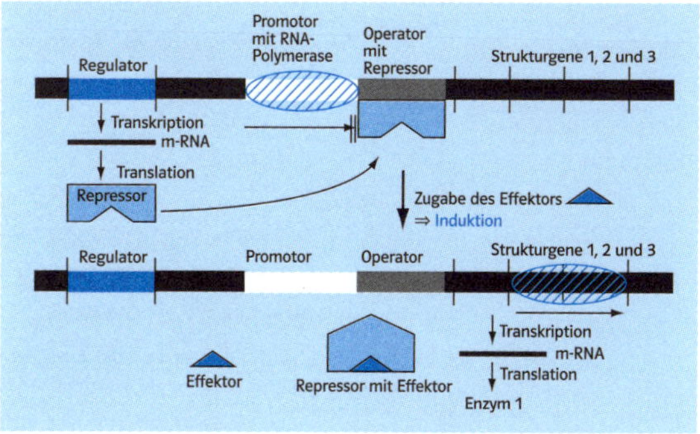

Dann gibt es Enzyme, die gebraucht werden, wenn ein Stoff zur Neige geht. Der Stoff soll dann wieder hergestellt werden. Wenn genug da ist, werden die Enzyme nicht benötigt. Dies geschieht durch **Repression**.

REPRESSION: DURCH DEN EFFEKTOR WIRD DIE TRANSKRIPTION DER STRUKTURGENE REPRIMIERT Normalerweise ist der Repressor inaktiv. Die Strukturgene werden transkribiert und die Enzyme hergestellt. Diese sorgen für die Synthese des Effektors. Ist genug Effektor vorhanden, bindet er an den Repressor, der seine Struktur ändert und sich am Operator anheftet. Die Transkription wird unterdrückt.
Beispiel dafür ist das **trp-Operon**. Die Aminosäure Tryptophan wird normalerweise hergestellt. Ist genügend da, wirkt Tryptophan als Effektor und verhindert, dass weiterhin Enzyme für die Tryptophansynthese gebildet werden.

Enzymrepression

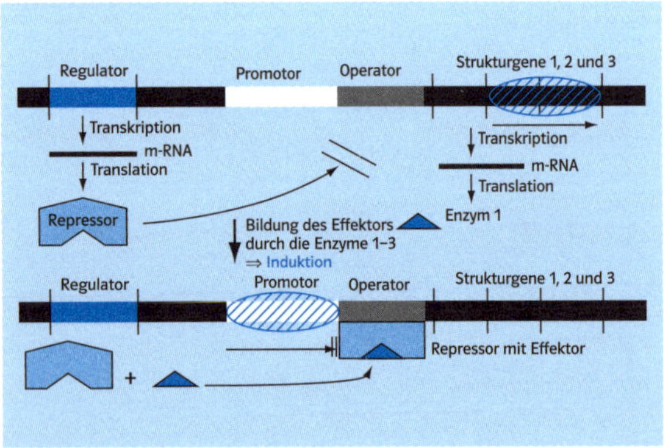

Gentechnik bei Bakterien

BAKTERIEN LASSEN SICH VERÄNDERN Da Bakterien einen gut erforschten Mechanismus der Transkription, Translation und Genregulation besitzen, ist es leicht möglich, die Gene von Bakterien so zu manipulieren, dass sie dem Menschen nützliche Produkte liefern. Für die Gentechnik sind v. a. die **Plasmide** der Bakterien interessant, die mit neuen Genen versehen werden können und so als **Vektoren** für Gene dienen. Sie enthalten meist Regionen, die für die Erkennung der manipulierten Bakterien wichtig sind, beispielsweise Antibiotikaresistenzgene.

KONSTRUKTION EINES HYBRIDPLASMIDS BZW. VEKTORS Sehr wichtige Werkzeuge der Gentechniker sind auch die **Restriktionsenzyme**, die in Bakterien zum Zerschneiden fremder DNA enthalten sind. Sie können als **genetische Scheren** benutzt werden, um Plasmide aufzuschneiden und Gene einzufügen. Als „Kleber" fungieren **Ligasen**. Die gentechnische Veränderung von Bakterien erfolgt nach folgendem Vorgehen: Zuerst muss man ein **Plasmid gewinnen**. Viele Plasmide kann man aber bereits käuflich erwerben. Sie sind durch Buchstaben/Zahlencodes abgekürzt, z. B. das Plasmid pBR322 aus E.-coli. Dann schneidet man das Plasmid mit einem Restriktionsenzym auf. **Restriktionsenzyme** haben eine bestimmte **Erkennungssequenz**, in der sie nach einem genau festgelegten Muster die DNA trennen. Besonders günstig für die Gentechnik sind Restriktionsenzyme, die DNA versetzt schneiden, so dass Einzelstrangenden, so genannte **„klebrige Enden"** (sticky ends) entstehen. Das Enzym Eco-RI schneidet in der Sequenz $\begin{smallmatrix}5'GAATTC3'\\3'CTTAAG5'\end{smallmatrix}$, so dass die klebrigen Enden $\begin{smallmatrix}5'G\\3'CTTAA\end{smallmatrix}$ und $\begin{smallmatrix}AATTC3'\\G5'\end{smallmatrix}$ entstehen.

Nun muss man das gewünschte **Gen gewinnen** und mit den gleichen klebrigen Enden versehen. Dann fügt man das offene Plasmid und das Gen zusammen, indem man das Enzym Ligase zugibt. So entsteht ein Vektor, der das gewünschte Gen enthält. Daneben entstehen aber auch wieder das ursprüngliche Plasmid und zirkularisierte DNA.

BAKTERIEN MIT HYBRIDPLASMID TRANSFORMIEREN Um den Vektor **in Bakterien zu schleusen**, müssen diese **kompetent** gemacht werden, z. B. durch Behandlung mit eisgekühlter CaCl2-Lösung. Dann nehmen sie Plasmide auf, werden also transformiert. Leider nehmen nicht alle Bakterien das Hybridplasmid auf, sondern manche das Ursprungsplasmid oder zirkularisierte Spender-DNA oder eben gar nichts.

TRANSFORMIERTE BAKTERIEN SELEKTIEREN (AMPICILLIN, X-GAL) Zuletzt muss man die Bakterien herausfinden, die tatsächlich einen Vektor aufgenommen haben und nicht nur das Ursprungsplasmid, zirkularisierte DNA oder sogar gar keine DNA. Die **Selektion** erreicht man z. B. durch folgenden Trick:

Man wählt ein Plasmid, das das Gen amp^R enthält und den Träger gegen das Antibiotikum **Ampicillin resistent** macht. Außerdem enthält es das Gen **lacZ**, das das Enzym β-Galaktosidase codiert. In diesem Gen liegt die Schnittstelle für das Restriktionsenzym. Ein Hybridplasmid mit eingebautem Gen enthält somit ein funktionsfähiges amp^R-Gen und ein funktionsloses lacZ-Gen, während das Ursprungsplasmid beide Gene in funktionsfähiger Form besitzt.

Die transformierten Bakterien werden dann auf einem Nährboden verteilt, der **Ampicillin und einen modifizierten Zucker X-Gal** enthält. Auf dem Boden wachsen nur die Bakterien, die überhaupt ein Plasmid aufgenommen haben. Alle, die das Ursprungsplasmid aufgenommen haben, stellen β-Galaktosidase her. Dieses Enzym wandelt X-Gal in einen **blauen Farbstoff** um, so dass die Bakterienkolonien blau gefärbt werden. Die **gewünschten Bakterien mit dem Hybridplasmid bleiben weiß** und können so isoliert werden.
Diese Bakterien werden in Fermentern vermehrt und stellen dann das Genprodukt her. Beispielsweise wird das Hormon Insulin heute auf diesem Weg hergestellt.

Gentechnik bei Pflanze, Tier und Mensch

GRÜNE GENTECHNIK Die Manipulation eukaryontischer Zellen ist nicht ganz so einfach wie bei Bakterien, da die Genregulation und Genverwirklichung komplexer abläuft. Dennoch sind transgene Pflanzen und Tiere möglich.

Zum einen werden Pflanzen mit **zusätzlichen Genen** versehen, die sie z. B. gegen Insekten resistent machen. Man hat das Gen für ein Gift des Bodenbakteriums *Bacillus thuringensis* in Mais eingepflanzt (**BT-Mais**). Larven von Insekten, die den Mais fressen, sterben dadurch. Andere Pflanzen werden durch zusätzliche Gene resistent gegen Pilze, Bakterien oder sogar Herbizide (z. B. gegen das Herbizid **Basta**), so dass ein Landwirt die Ackerunkräuter mit dem Herbizid bekämpfen kann, ohne die Kulturpflanze zu schädigen.

Als Vektor fungiert häufig das **Ti-Plasmid** aus dem Bakterium *Agrobakterium tumefaciens*, das in Pflanzenzellen eindringt und dort normalerweise Tumorwachstum auslöst. Das verwendete Plasmid tut dies nicht mehr, kann aber dennoch Gene in Pflanzen einschleusen.

Zum anderen wird versucht, **unerwünschte Gene abzuschalten**. Bei der **„Antimatschtomate"** wurde das Gen, das das Weichwerden der Tomate verursacht, durch **die „Antisense"-Technik** ausgeschaltet: Man fügte das betreffende Gen direkt nach dem normalen Gen in umgekehrter Reihenfolge in den Zellkern ein. Bei der Transkription entstehen dann zwei m-RNA-Moleküle, die zueinander komplementär sind und sich dadurch zusammenlagern. Dadurch werden sie nicht am Ribosom translatiert, sondern abgebaut. Die Tomate bleibt schnittfest.

GENTECHNIK BEI TIEREN Man versucht durch genetische Manipulation Tiere zu erzeugen, die Medikamente produzieren und z. B. mit der Milch ausscheiden. Andere Tiere haben ein Wachstumshormon-Gen implantiert bekommen, so dass sie schneller und mehr wachsen. Die „Krebsmaus" hat veränderte Gene, die sie häufiger an Krebs erkranken lässt und für die Forschung eine wichtige Rolle spielt.

GENTECHNISCHE METHODEN IN MEDIZIN UND KRIMINALISTIK Die gentechnische **Produktion von Medikamenten** in Bakterien nach dem Muster menschlicher Gene ist eine häufig angewandte Methode. Insulin oder ein Gerinnungsfaktor, der Bluterkranken fehlt, werden so hergestellt. Die direkte **Gentherapie** mit intakten Genen bei genetisch bedingten Krankheiten ist noch nicht erfolgreich.

Die **Analyse von DNA** ist eine Möglichkeit, mit der rezessive Krankheiten entdeckt werden können. Auch Gene, die für Krebserkrankungen zuständig sind, können aufgespürt werden. Dazu verwendet man **Gensonden**. Man teilt die DNA in Stücke (mit Restriktionsenzymen) und trennt sie durch Elektrophorese. Anschließend bringt man sie auf eine Membran und macht sie durch Alkalienzugabe einsträngig. Gibt man nun die Gensonde aus RNA oder einsträngiger DNA dazu, die die komplementäre Basenabfolge zum gesuchten Gen hat, so bindet sie an das Gen. Die Sonde ist an einen Marker gebunden, der entweder radioaktiv ist oder fluoresziert. Durch Auflegen eines Films oder Bestrahlen mit UV-Licht kann man dann erkennen, ob das gesuchte Gen in der Probe enthalten ist.

Die Methoden der Gentechnik dienen auch in der Kriminalistik der Zuordnung von Zellen zu einem Menschen. Aus sehr wenig DNA kann durch die **Polymerasekettenreaktion (PCR)** eine große Menge DNA eines charakteristischen, individuellen DNA-Abschnitts hergestellt werden, die für die Analyse reicht.
Dazu benutzt man eine hitzbeständige Polymerase aus Bakterien (Taq-Polymerase) und Primer für diese DNA-Region, die man synthetisch gewinnt. Die DNA-Spur wird erwärmt auf über 90 °C. Dabei trennen sich die Wasserstoffbrücken zwischen den beiden Teilsträngen, so dass die DNA einsträngig wird. Man kühlt wieder etwas ab, dadurch können die Primer an ihre komplementären Bereiche der DNA binden. Danach ergänzt die Polymera-

se, an den Primern beginnend, die Stränge. Man erhitzt die DNA erneut, sie trennt sich wieder, nach Abkühlung lagern sich Primer an etc. Dieser Zyklus wird viele Male wiederholt (automatisch in einem Thermocycler), so dass nach einigen Stunden der DNA-Abschnitt so oft verdoppelt wurde, dass man ihn weiter untersuchen kann.

Damit reichen bereits wenige Zellen im Speichel einer Person, um einen **genetischen Fingerabdruck** zu erstellen und so einem Täter zuzuordnen. Auch Verwandtschaftsverhältnisse können geklärt werden. Es werden dabei nicht für Proteine codierende und deshalb hoch variable DNA-Abschnitte vermehrt. Sie werden mit Restriktionsenzymen in kleinere Stückchen geschnitten. Diese werden durch Gel-Elektrophorese getrennt. Dabei werden die kürzeren DNA-Abschnitte schneller zum Pluspol gezogen als die längeren. Nach Anfärben der Stücke entsteht ein charakteristisches Bandenmuster, das praktisch für jeden Menschen einzigartig ist. Allerdings kann man durch den Vergleich von Bandenmustern auch Verwandtschaften klären.

Im **Human Genom Projekt (HUGO)** wurde in den letzten Jahren die Basensequenz der menschlichen DNA aufgeklärt. Man hofft damit eine Grundlage geschaffen zu haben, mit der man die Funktion der menschlichen Gene verstehen kann.

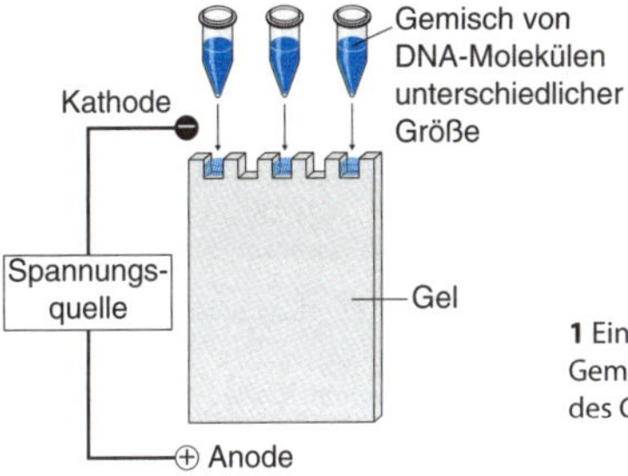

1 Einfüllen der DNA-Gemische in Vertiefungen des Gels (oft aus Agarose).

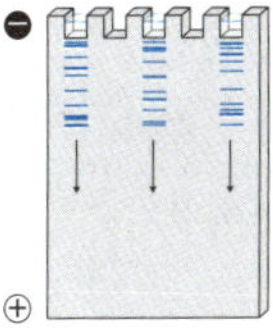

2 Wanderung der negativ geladenen DNA-Abschnitte zum Pluspol. Kürzere Abschnitte wandern schneller.

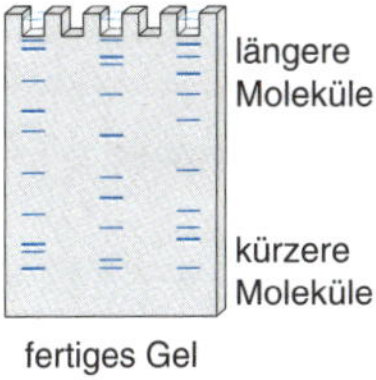

3 Am Ende sind die DNA-Abschnitte in ein „Bandenmuster" aufgetrennt.

4 Immunbiologie

QUICK-FINDER

QUICK-FINDER

Allergien

- Ursache: IgE-Antikörper durch Sensibilisierung ➛ **S. 94**
- Symptome durch Histaminausschüttung ➛ **S. 94**

Organtransplantationen

- MHC-Moleküle ➛ **S. 94**
- Bluttransfusion ➛ **S. 95**

AIDS

- HI-Virus ➛ **S. 96**
- Symptome ➛ **S. 96**

Antigen und Antikörper

ANGEBORENE UND ERWORBENE ABWEHR Die meisten Tiere haben einen angeborenen Abwehrmechanismus, zu dem die Abwehr durch Haut und Schleimhäute oder die chemische Abwehr durch Säuren gehören. Außerdem gibt es Immunzellen, die unspezifisch alle Fremdorganismen angreifen, z. B. die Granulozyten und die Makrophagen.

Bei den Wirbeltieren gibt es einen zusätzlichen Schutz durch die erworbene oder spezifische Abwehr. Sie richtet sich gegen ganz bestimmte Fremdorganismen und kann Immunität verleihen.

ANTIGENE SIND OBERFLÄCHENSTRUKTUREN Bei der spezifischen Abwehr sind die **Oberflächenstrukturen** der Fremdorganismen ausschlaggebend. Sie werden vom Körper als körperfremd erkannt und lösen die Bildung von **Antikörpern** aus. Das sind Proteine, die mit ihrer Bindungsstelle genau zum Epitop des Antigens passen, also zur Oberflächenstruktur des Fremdkörpers. Als Antigene können Bakterien, Bakterienbruchstücke, fremde Zellen, Viren, leider auch Pollen, fremde Eiweißstoffe etc. wirken.

So können wir zwar Krankheitserreger gezielt bekämpfen, aber leiden auch unter Allergien und kämpfen mit Abstoßungsreaktionen bei Organtransplantationen.

VIELZAHL DER ANTIKÖRPER DURCH GENKOMBINATION Interessant ist, dass der Körper in der Lage ist, für eine Vielzahl von denkbaren Antigenen Antikörper zu bilden. Hier ist die Genetik für die Antikörperproduktion wichtig: Es werden bestimmte Genabschnitte, die in diversen Variationen im Erbgut vorhanden sind, jeweils durch Spleißen zufällig neu kombiniert. So muss der Zellkern nicht Milliarden Gene für denkbare Antikörper bereithalten, sondern nur sieben Genregionen in verschiedenen Variationen (ca. 250), die allerdings durch ihre Kombination in 10^{11} verschiedene Immunglobuline = Antikörper translatiert werden können.

KLASSEN UND AUFBAU DER ANTIKÖRPER Es gibt unter den Antikörpern verschiedene Klassen, die sich in Größe und Aufbau unterscheiden. Sie werden in die Klassen IgG, IgM, IgA, IgD und IgE eingeteilt. Das „Ig" steht für „Immunglobulin".
Allen gemeinsam ist aber die Bindestelle für das Antigen, die aus den Enden zweier Proteinketten besteht.
Der häufigste Antikörpertyp ist das IgG. Er besteht aus zwei identischen schweren und zwei identischen leichten Proteinketten, deren Enden durch die angesprochene Kombination der zugrunde liegenden Gene von Antikörper zu Antikörper variieren. Die Ketten werden durch Disulfidbrücken zusammen gehalten.

Antikörper haben eine Y-Form. An jedem Ende des Ypsilons liegt eine Antigen-Bindungsstelle. So wird erreicht, dass viele gleichartige Antikörper mehrere Antigen-tragende Fremdorganismen verklumpen und damit inaktivieren. Riesenfresszellen (= Makrophagen) nehmen diese Agglomerate auf und verdauen sie.

Aufbau eines Antikörpers

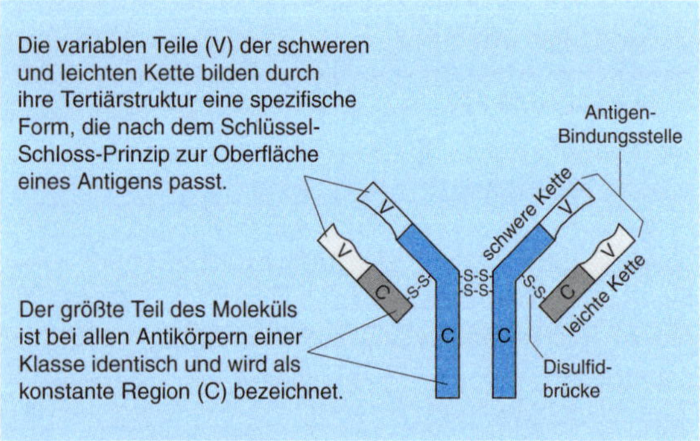

Agglutination von Antigenen durch Antikörper

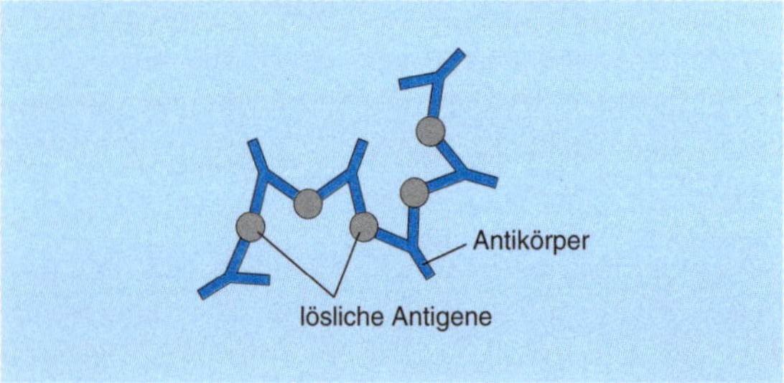

Lymphozyten und Makrophagen

B-LYMPHOCYTEN Die Antikörper werden durch Proteinbiosynthese in den sog. **Plasmazellen** gebildet, die aus den B-Lymphozyten hervorgehen. Ein Lymphozyt

produziert immer nur eine ganz bestimmte Antikörper-Sorte gegen ein bestimmtes Antigen. Die B-Lymphozyten werden aus Stammzellen im Knochenmark gebildet und erfahren auch ihre **Differenzierung im Knochenmark**. Dabei werden die verschiedenen Genbereiche, die für die Teilbereiche der Antikörper codieren, räumlich zusammengeordnet, so dass eine der 10^{11} Variationsmöglichkeiten eines Lymphozyten entsteht.
Ein so differenzierter B-Lymphozyt kann einen **Klon** gleichartiger Zellen bilden, wenn er durch eine T-Helferzelle angeregt wird. Danach bildet er sich zur Plasmazelle um und **produziert die Antikörper**.
Daneben werden auch Gedächtniszellen produziert, die bei erneutem Eindringen des Antigens eine viel schnellere Immunantwort ermöglichen.

T-LYMPHOCYTEN Eine weitere Gruppe der Lymphozyten bilden die T-Lymphozyten. Sie gehen ebenfalls aus Stammzellen des Knochenmarks hervor, **reifen aber im Thymus heran**. Dies ist eine Drüse in der Brust, bekannt auch als Bries.
Im Thymus werden wiederum die Genbereiche für die Bildung der Antikörper zufällig kombiniert. Danach werden die T-Lymphozyten aussortiert, die gegen körpereigenes Gewebe arbeiten würden.

Bei den T-Lymphozyten gibt es einige Unterarten:
T-Helferzellen (auch CD4-Zellen): Sie können mit den Antikörpern, die sie in ihre Zellmembran einbauen, körpereigene Zellen erkennen, die fremde Antigene präsentieren. Daraufhin vermehren sich diese T-Helferzellen und aktivieren andere Abwehrzellen. Auch sie bilden T-Helfer-Gedächtniszellen.

T-Killerzellen (auch CD8-Zellen, cytotoxische T-Zellen): Sie nehmen ebenfalls Antigene wahr, die ihnen von Körperzellen auf bestimmten Molekülen ihrer Zelloberfläche (MHC-I-Moleküle) präsentiert werden. Sie erkennen damit, dass Körperzellen von Viren befallen sind, und geben dann einen Stoff ab, der die virenbefallene Zelle zerstört. T-Killer-Gedächtniszellen werden ebenfalls nach einer Immunantwort gebildet.

T-Supressor-Zellen: Sie scheinen für die Beendigung einer Immunantwort wichtig zu sein.

MAKROPHAGEN (=RIESENFRESSZELLEN) Diese Zellen nehmen körperfremde Organismen auf, zerlegen diese und präsentieren die Antigene dieser Organismen auf bestimmten Molekülen an ihrer Oberfläche (MHC-II-Moleküle). Nehmen die dazu passenden T-Helferzellen Kontakt auf, werden diese vermehrt.
Die Makrophagen fressen auch die durch Antikörper verklumpten Antigene auf und machen sie unschädlich.

Humorale und zelluläre Immunantwort

ES GIBT ZWEI ARTEN DER IMMUNABWEHR Die spezifische Abwehr bekämpft Antigene auf zwei verschiedene Weisen: Die humorale Immunantwort geht gegen die in Flüssigkeiten enthaltenen Erreger vor durch Bildung der spezifischen Antikörper.
Die zelluläre Immunantwort ist für das Zerstören von Zellen verantwortlich, die Antigene, v. a. Viren, enthalten.

HUMORALE IMMUNANTWORT Dringen körperfremde Stoffe in den Körper ein, so werden sie zunächst von den Makrophagen aufgenommen und zerlegt. Die **Makrophagen präsentieren dann die Antigene** auf ihren MHC-II-Molekülen auf der Oberfläche. Mit diesen Antigenen nehmen die **T-Helferzellen** Kontakt auf, die mit ihren Rezeptoren zu den Antigenen passen. Die Makrophagen regen die T-Helferzellen durch den Botenstoff Interleukin 1 zur Teilung an; so entsteht ein Klon der zu diesem Antigen passenden T-Helferzellen.

Die nun stark vermehrten T-Helferzellen nehmen nun Kontakt mit den **B-Lymphozyten** auf, die die passenden Antikörper bilden können, und aktivieren diese durch Abgabe von Cytokinen. Die B-Lymphozyten vermehren sich und **wandeln sich zu Plasmazellen um**, die wiederum große Mengen **Antikörper** produzieren. Die Antikörper heften sich an die Antigene und verklumpen sie. So sind die Erreger unschädlich und können von Makrophagen aufgenommen werden.

Humorale Immunabwehr

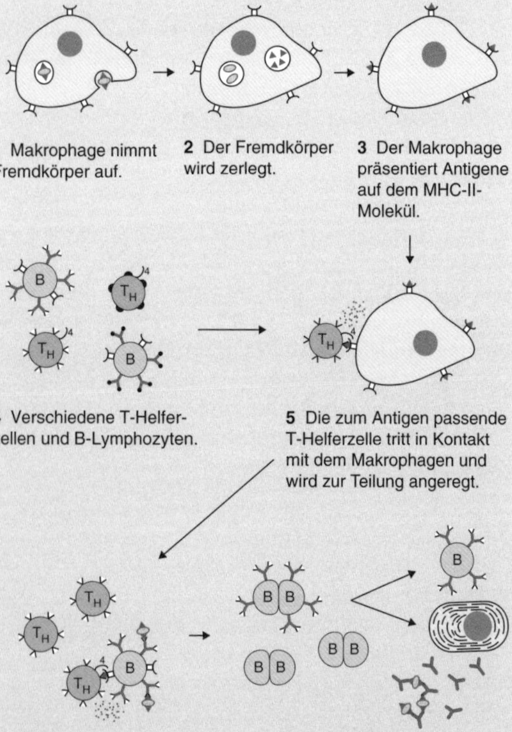

1 Makrophage nimmt Fremdkörper auf.

2 Der Fremdkörper wird zerlegt.

3 Der Makrophage präsentiert Antigene auf dem MHC-II-Molekül.

4 Verschiedene T-Helferzellen und B-Lymphozyten.

5 Die zum Antigen passende T-Helferzelle tritt in Kontakt mit dem Makrophagen und wird zur Teilung angeregt.

6 Die T-Helferzelle tritt in Kontakt zum Antigen-präsentierenden B-Lymphozyten und regt diesen zur Teilung an.

7 B-Lymphozytenklon wandelt sich in Plasmazellen um und produziert Antikörper, die die Fremdkörper verklumpen.

ZELLULÄRE IMMUNANTWORT Auch bei der zellulären Immunantwort spielen die T-Helferzellen eine große Rolle, die durch die Makrophagen zur Vermehrung angeregt wurden.

Sie regen die **T-Killerzellen** zur Teilung an, die spezifisch für das entsprechende Antigen sind.

Die T-Killerzellen können sich mit ihren Rezeptoren an Körperzellen heften, die auf ihren MHC-I-Molekülen an der Oberfläche Antigene präsentieren. Die Körperzellen können dies nur, wenn sie von Viren befallen sind. Die Zellen haben die Viren zerlegt und die Oberflächenstrukturen auf die MHC-I-Moleküle auf der Oberfläche eingebaut. Solche Körperzellen werden nun von den T-Killerzellen durch Abgabe von Perforin zerstört. Perforin durchlöchert die Membran der Zellen, dadurch werden sie aufgelöst. Diese zerstörten Körperzellen können somit die Viren nicht weiter vermehren.

Zelluläre Immunabwehr

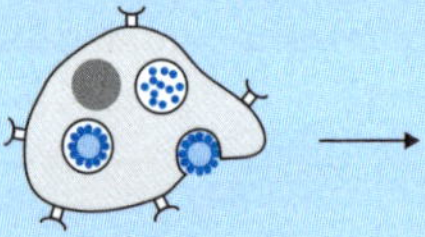

1 Makrophage nimmt Viren auf und zerlegt sie.

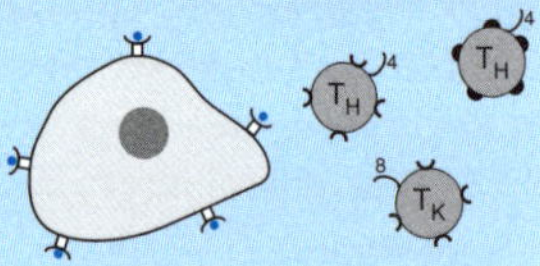

2 Makrophage präsentiert Viren-Antigene auf MHC-II-Molekül.

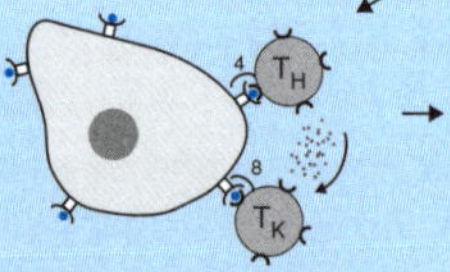

3 Passende T-Helferzellen und T-Killerzellen nehmen Kontakt zum Makrophagen auf. Die T-Helferzelle regt die T-Killerzelle zur Teilung an.

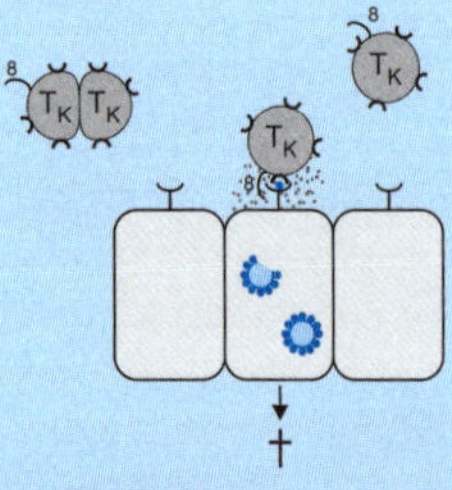

4 Die T-Killerzelle dockt mit dem CD8-Rezeptor am MHC-I-Molekül einer von Viren befallenen Zelle an und zerstört sie durch Abgabe von Perforin.

Alle an einer Immunantwort beteiligten Lymphozyten bilden Gedächtniszellen. Dringt das Antigen erneut in den Körper ein, so laufen die beschriebenen Vorgänge in wesentlich kürzerer Zeit ab, so dass der Erreger viel schneller bekämpft werden kann.

Immunisierung

AKTIVE IMMUNISIERUNG Die Bildung der Gedächtniszellen ist der Grund für die aktive Immunisierung, die der Körper durch den Ablauf einer Immunantwort erwirbt. Zwar nimmt die Zahl der Gedächtniszellen im Lauf der Jahre wieder ab, aber die Reaktion auf den bekannten Erreger läuft dennoch schneller ab. Deshalb ist man in der Regel gegen die sog. „Kinderkrankheiten" wie Windpocken immun, wenn man sie bereits durchgemacht hat. Dies kann man bei der aktiven Immunisierung/Impfung ausnutzen:
Bei einer Impfung nimmt man **abgeschwächte oder abgetötete Erreger**, inaktivierte Bakteriengifte oder Viren auf, z. B. durch Schlucken oder durch Injektion. Der Körper reagiert auf die fremden Antigene mit Bildung von Antikörpern und bildet Gedächtniszellen. Damit ist er gegen einen Angriff der Erreger immun, weil er sie rasch bekämpfen kann. Der Impfschutz schwächt sich im Laufe der Zeit ab, so dass man einige Impfungen immer wieder auffrischen lassen sollte.

PASSIVE IMMUNISIERUNG Bei der passiven Immunisierung erhält der Patient künstlich erzeugte Antikörper; diese können die Antigene bekämpfen, z. B. Tollwutviren. Da diese Antikörper aber nicht vom Körper selbst erzeugt wurden, sind auch keine Gedächtniszellen gebildet worden. Nach dem Abbau der Antikörper ist der Patient wieder anfällig.
Einen passiven Immunschutz bekommen auch Säuglinge durch die Antikörper in der Muttermilch.

Allergien

URSACHE: IGE-ANTIKÖRPER DURCH SENSIBILISIERUNG Es gibt eine Gruppe von Antikörpern, die sich auf die Oberfläche von sog. **Mastzellen** heften. Es sind dies die **IgE-Antikörper**. Vermutlich wurde dieser Teil der Abwehr gegen parasitische Würmer entwickelt. Leider können sich IgE-Antikörper auch gegen harmlose Fremdkörper wie Pollen oder Erdnussproteine bilden. Diese erste Produktion der Antikörper gegen ein Allergen nennt man Sensibilisierung. Gelangt danach das Allergen erneut in den Körper, so tritt es mit den Antikörpern auf der Oberfläche der Mastzellen in Kontakt und verbindet sie. Dies ist das Signal für die Ausschüttung von **Histamin** durch Exocytose.

SYMPTOME DURCH HISTAMINAUSSCHÜTTUNG Das Histamin löst eine Entzündungsreaktion aus, erweitert Blutgefäße und macht sie durchlässiger. Die Symptome einer allergischen Reaktion reichen von laufender Nase über Niesen bis zum anaphylaktischen Schock, der durch die schlagartige Erweiterung vieler Blutgefäße verursacht wird und damit zu starkem Blutdruckabfall mit Unterversorgung der lebenswichtigen Organe führen kann.

Organtransplantationen

MHC-MOLEKÜLE Jeder Mensch hat auf der Oberfläche seiner Zellen individuelle Komponenten, die den Lymphozyten signalisieren, welche Zellen körpereigen und welche körperfremd sind. Man nennt sie MHC-Moleküle *(major histocompatibility complex)*. Zellen mit körperfremden MHC-Molekülen werden von zytotoxischen Zellen zerstört. Deshalb ist es schwierig, fremde Organe zu übertragen. Man benötigt Organe, deren MHC-Moleküle denen des Empfängers möglichst ähnlich sind. Dennoch muss man das Immunsystem nach einer Organtransplantation unterdrücken, damit es nicht zu einer Abstoßung des Organs kommt.

BLUTTRANSFUSION Verheerend ist die Übertragung von Blut mit einer anderen Blutgruppe. Im Blutserum befinden sich stets Antikörper gegen die Antigene der Blutkörperchen der fremden Blutgruppen des AB0-Systems, sodass Blutkörperchen fremder Blutgruppen sofort verklumpt werden und Gefäße verstopfen. Die Antikörper gegen fremde Blutgruppen sind deshalb im Körper, weil die Antigene der Blutkörperchen denen von Darmbakterien gleichen. Der Körper bildet deshalb Antikörper gegen alle Blutgruppen des AB0-Systems außer der eigenen. Gegen den Rhesusfaktor werden Antikörper erst gebildet, wenn rhesuspositive Blutkörperchen in den Körper gelangen. Als kernlose Zellen haben Erythrocyten keine MHC-Moleküle und werden deshalb nicht grundsätzlich angegriffen. Die Antikörper gegen die Blutgruppenantigene des AB0-Systems sind so groß, dass sie nicht durch die Plazenta einer Mutter in den Kreislauf des Kindes gelangen. Andernfalls wäre es nicht möglich, dass Mütter Kinder mit anderer Blutgruppe austragen. Beim Rhesusfaktor ist dies anders, da die Antikörper gegen den Rhesusfaktor kleiner und damit plazentagängig sind. Eine Schwangerschaft einer rhesusnegativen Frau, die bereits Antikörper gebildet hat, mit einem rhesuspositiven Kind ist für das Kind problematisch.

AIDS

HI-VIRUS Die Immunschwäche AIDS (acquired immuno deficiency syndrom) wird durch das HI-Virus (Human Immunodeficiency Virus) hervorgerufen. Als Wirtszelle für dieses Virus fungieren die **T-Helferzellen**, aber auch Makrophagen. Das Virus gehört zu den Retroviren, die als Erbgut RNA besitzen. In der Wirtszelle wird durch die Reverse Transkriptase, ein Enzym, das der Virus liefert, die RNA in DNA verwandelt. Nun übernimmt diese DNA das Kommando in der Zelle und es werden Virus-Teile synthetisiert. Sie werden zu neuen Viren zusammengesetzt. Durch Lyse der Wirtszelle gelangen die neuen Viren in den Körper. Das HI-Virus kann sich auch nach der Transkription in DNA in die DNA der Wirtszelle integrieren (lysogener Zyklus) und wird mit ihr mitvermehrt.

SYMPTOME Vermehrt sich das Virus ungebremst, so werden mehr und mehr T-Helferzellen zerstört, so dass das Immunsystem nicht mehr richtig auf Krankheitserreger reagieren kann. Es kommt vermehrt zu Infekten und seltenen Krankheiten und Krebsformen, die beim gesunden Menschen zuverlässig bekämpft werden. Man stirbt letztlich an diesen Folgeerkrankungen. Es dauert eine gewisse Zeit (im Durchschnitt 10 Jahre), bis nach der Infektion mit HIV die Symptome von AIDS ausbrechen. Zunächst schafft es das Immunsystem auch, die meisten Viren zu bekämpfen und die virenbefallenen Zellen zu zerstören. Deshalb sind nach einer HIV-Infektion Antikörper gegen das Virus im Blut nachzuweisen: Der Patient ist HIV-positiv. Leider kann das Virus aber seine Oberflächenstruktur verändern, so dass die Antikörper nicht mehr wirken. Deshalb gibt es auch bisher keine wirksame Impfung. Man kann mit verschiedenen Medikamenten die Vermehrung der Viren im Körper abbremsen, so dass die symptomarme Latenzzeit verlängert werden kann. Heilbar ist AIDS aber bisher nicht.

Die Übertragung des HI-Virus erfolgt v.a. durch Körperflüssigkeiten, die infizierte Zellen enthalten. Das sind v.a. Blut und Sperma. Gelangen diese Zellen in den Kreislauf, so kann sich dort das Virus ausbreiten. Deshalb sind die Verwendung von Kondomen beim Geschlechtsverkehr und die Vermeidung von direktem Blutkontakt wichtige Präventionsmaßnahmen.

5 Stoffwechselbiologie

QUICK-FINDER

Biomoleküle (Fette, Kohlenhydrate, Proteine)

- Fette → S. 100
- Kohlenhydrate → S. 101
- Proteine → S. 103

Enzyme

- Biokatalysatoren → S. 103
- Substratspezifität: nur ein Substrat → S. 104
- Wirkungsspezifität: nur eine chemische Wirkung → S. 104
- Geschwindigkeit von Enzymreaktionen → S. 105
- Kompetitive Hemmung: substratähnlicher Hemmstoff → S. 107
- Allosterische Hemmung: Wirkstoff hemmt durch Binden am allosterischen Zentrum → S. 107

Photosynthese

- Aufbau eines Laubblattes → S. 108
- Der Chloroplast ist Ort der Photosynthese → S. 108
- Einfluss von Außenfaktoren: Licht, CO_2, Temperatur → S. 109
- Überblick → S. 113

QUICK-FINDER

- Lichtreaktion: Photolyse, Sauerstoffproduktion, Bildung von NADPH/H^+ und ATP → S. 114
- Dunkelreaktion: CALVIN-Zyklus → S. 117
- Bilanzen → S. 119

Stoffabbau

- Überblick → S. 120
- Glycolyse → S. 121
- Anaerober Abbau: Milchsäuregärung und alkoholische Gärung → S. 122
- Aerober Abbau mit oxidativer Decarboxylierung, Zitronensäurezyklus und Atmungskette → S. 124

Biomoleküle (Fette, Kohlenhydrate, Proteine)

FETTE Fette dienen als Energiespeicher, zur Polsterung von Organen und sind in abgewandelter Form Bausteine der Membranen. Sie sind chemisch gesehen **Ester** aus **Glycerin** und drei **Fettsäuren**. Fettsäuren sind langkettige Carbonsäuren. Es gibt gesättigte Fettsäuren (Palmitinsäure, Stearinsäure ...) und ungesättigte Fettsäuren (Linolsäure, Ölsäure ...). Werden Glycerin und Fettsäuren verknüpft, so spaltet sich Wasser ab.

Glycerin

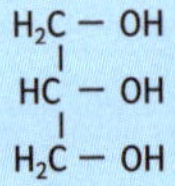

Fettsäure (Stearinsäure)

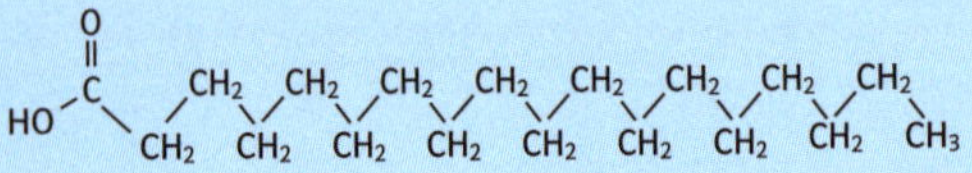

Fett

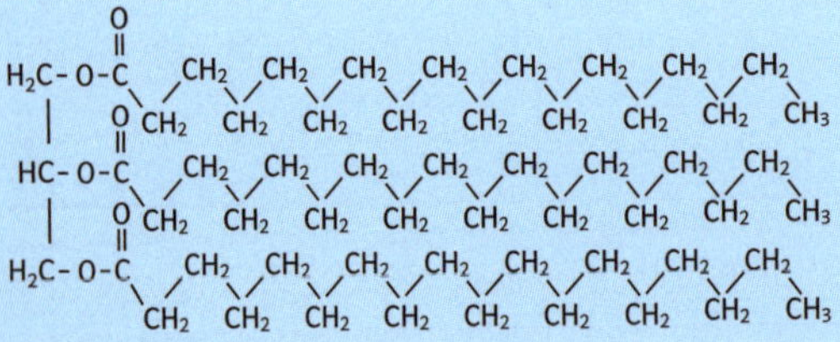

KOHLENHYDRATE Kohlenhydrate sind Primärprodukte bei der Photosynthese und auch für die Energiegewinnung in den Mitochondrien wichtige Ausgangsstoffe. Vor allem in Pflanzen dienen sie als Energiespeicher. Man unterscheidet Mono-, Di- und Polysaccharide.

Die **Monosaccharide Glucose** und **Fructose** zählen zu den wichtigsten Monosacchariden. Sie haben die allgemeine Formel $C_nH_{2n}O_n$. Sie liegen meist in Ringform vor, können aber auch in offener Kette vorkommen.

5

	Glucose	Fructose
offenkettige Form (Fischer-Projektion)	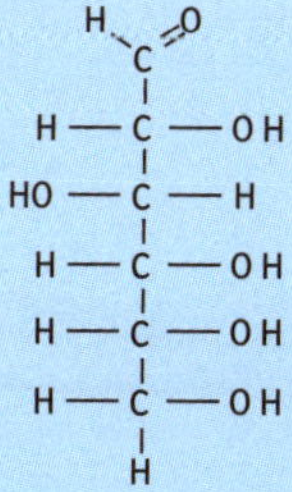	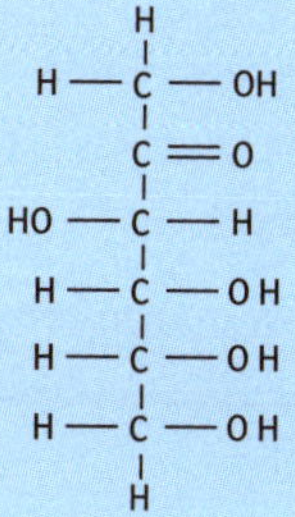
Ringform (Haworth-Projektion) jeweils α-Form	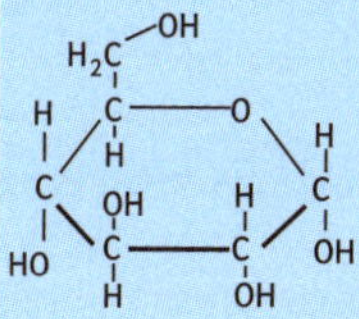	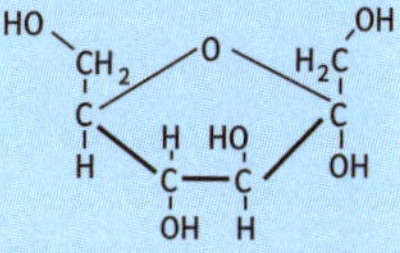

Disaccharide: Über eine **Glycosidbindung** können Monosaccharide zu Doppelzuckern verbunden werden. Ein häufiger Zucker ist die **Saccharose**, die aus α-Glucose und β-Fructose zusammengesetzt ist, indem das erste C-Atom der Glucose mit dem zweiten C-Atom der Fructose verknüpft ist (1,2-glycosidische Bindung):

Saccharose

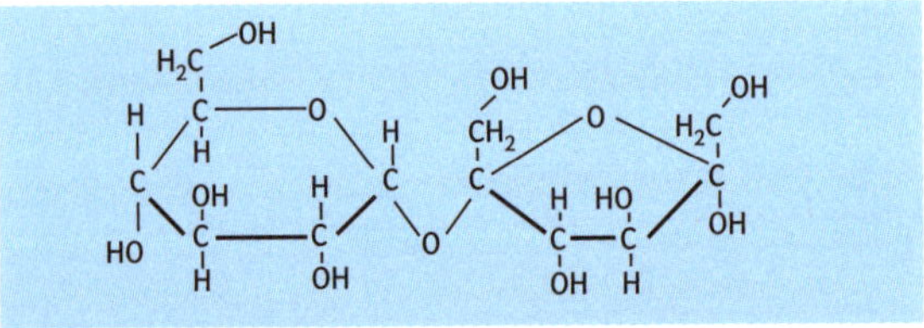

Ein Spaltprodukt der Stärke ist die **Maltose**, die aus zwei Glucoseeinheiten aufgebaut ist (α-1,4-glycosidische Bindung):

Maltose

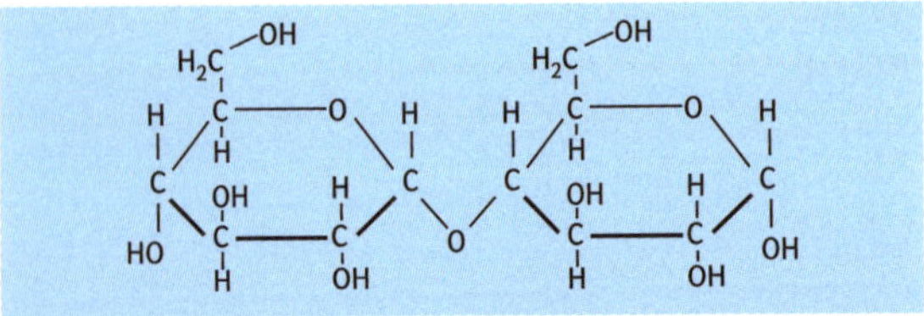

Polysaccharide: Die Speicherkohlenhydrate von Pflanzen sind **Amylose** und **Amylopektin**, die zur Stärke zusammengefasst werden. In beiden Molekülen sind viele Glucose-Einheiten **α-1,4-glycosidisch** verknüpft. Bei Amylopektin sind immer wieder Seitenketten angeknüpft. Die Stärkemoleküle sind **spiralförmig**. In diese Spiralen können sie **Iod** einlagern. Dann erscheint Stärke blauschwarz.

Glycogen ist tierische Stärke. Sie ist noch stärker verzweigt als pflanzliche Stärke.
Im **Zellulose**-Molekül sind viele β-Glucosemoleküle verknüpft. Es entsteht ein langes fadenförmiges Molekül. Viele Moleküle lagern sich zusammen und halten über H-Brücken zusammen, so dass Zellulosefasern entstehen, die als Zellwandmaterial der Pflanzen dienen.

PROTEINE Zu Bau und Bedeutung der Proteine mit Primär-, Sekundär-, Tertiär- und Quartärstruktur wird auf Kapitel 4 der Molekulargenetik verwiesen (S. 61 ff). Dort wird der Aufbau aus den 20 verschiedenen Aminosäuren erläutert.

Enzyme

BIOKATALYSATOREN Enzyme sind **Biokatalysatoren**, die die chemischen Reaktionen in Lebewesen beschleunigen. Ohne die Enzyme würden die Reaktionen zwar thermodynamisch gesehen ablaufen, aber in so großen Zeiträumen, die Leben nicht ermöglichen.
Enzyme bestehen aus **Proteinen**. Manche Enzyme haben noch einen Nicht-Protein-Anteil, z. B. Metallionen, eingebaut. Sie funktionieren nach dem **Schlüssel-Schloss-Prinzip** (s. S. 64). Die Stoffe, die umgesetzt werden sollen (➛ Substrate), werden am **aktiven Zentrum** des Enzyms gebunden. Das Substrat passt in das aktive Zentrum, das durch die Tertiärstruktur des Proteinenzyms gebildet wird. Nach der Umsetzung werden die Produkte losgelöst und das Enzym ist wieder frei. Es wird deshalb für die Katalyse eines Vorgangs immer nur sehr wenig Enzym benötigt.

Schlüssel-Schloss-Prinzip

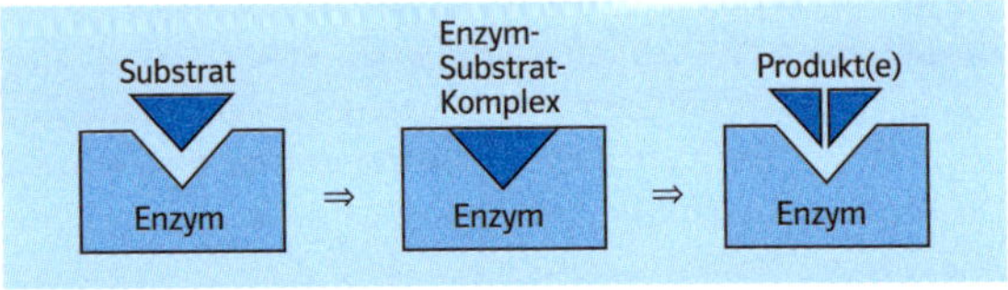

Wegen dieser Funktionsweise haben Enzyme zwei wichtige Eigenschaften: Sie sind substratspezifisch und sie sind wirkungsspezifisch.

SUBSTRATSPEZIFITÄT: NUR EIN SUBSTRAT Enzyme sind **substratspezifisch**, können also nur ein ganz bestimmtes Substrat binden, denn es muss ja zur Tertiärstruktur passen. Einige Enzyme sind gruppenspezifisch, d.h., sie können Substrate mit einer bestimmten funktionellen Gruppe binden.

WIRKUNGSSPEZIFITÄT: NUR EINE CHEMISCHE WIRKUNG Außerdem sind sie **wirkungsspezifisch**. Das bedeutet, dass sie nur eine bestimmte chemische Reaktion bewirken können, also entweder Spalten oder Oxidieren oder Phosphorylieren etc. Manche Enzyme benötigen neben dem Substrat einen Cofaktor für die Reaktion, z. B. das NADH/H^+, das Elektronen liefert.

Die **Benennung** von Enzymen erfolgt in der Regel nach dem umgesetzten Substrat und der katalysierten Reaktion, der Name endet dann auf -ase, z. B. Succinat-Dehydrogenase.

GESCHWINDIGKEIT VON ENZYMREAKTIONEN Ein Enzym setzt umso mehr Substrat pro Zeit um, je höher dessen

Konzentration ist. Aber es gibt eine Maximalgeschwindigkeit v_{max}. Um Enzyme zu vergleichen, kann man die Beziehung zwischen Substratkonzentration und Reaktionsgeschwindigkeit in ein Diagramm einzeichnen. Da die Substratkonzentration, bei der das Enzym maximal schnell arbeitet, schwer zu bestimmen ist, wählt man als Vergleichswert die Substratkonzentration, bei der die **halbmaximale** Geschwindigkeit erreicht ist. Man nennt diesen Wert **Michaelis-Konstante** K_M.

Michaelis-Konstante

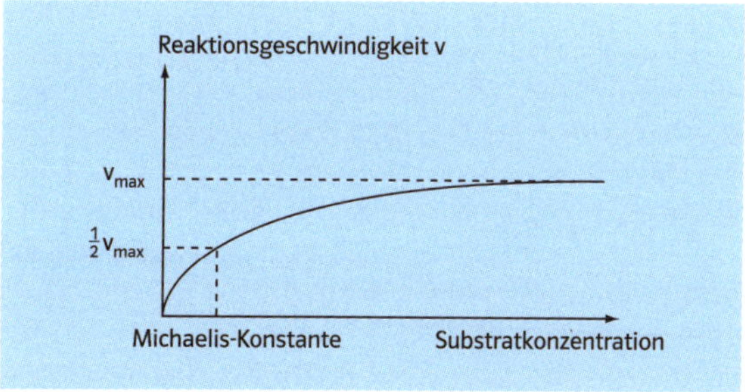

Enzyme können aber in ihrer Wirksamkeit neben der Substratkonzentration noch durch andere Faktoren beeinflusst werden:
Der **pH-Wert** spielt eine Rolle, weil er den Ladungszustand der basischen und sauren Aminosäurereste im Protein bestimmt und dadurch auch die Tertiärstruktur. Oberhalb und unterhalb eines bestimmten pH-Wertes ist ein Enzym funktionslos, eventuell sogar irreversibel denaturiert.

pH-Wert

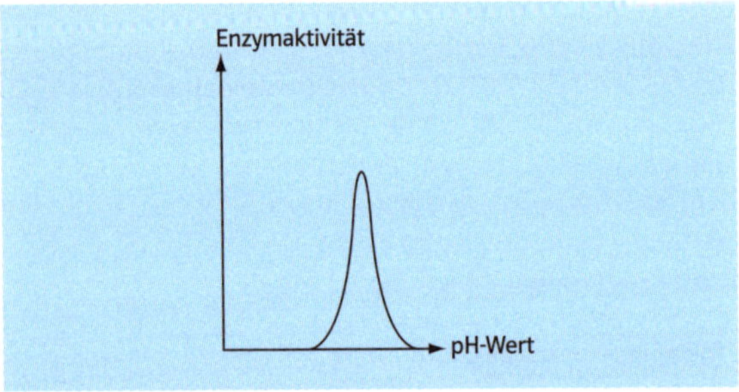

Einen großen Einfluss auf die Enzymaktivität hat auch die **Temperatur**. Bei höheren Temperaturen bewegen sich Moleküle schneller, so dass die Wahrscheinlichkeit des Zusammentreffens zwischen Enzym und Substrat steigt. Hier gilt die RGT-Regel (Reaktions-Geschwindigkeits-Temperatur-Regel): Die Erhöhung der Reaktionstemperatur um 10 °C verdoppelt bis verdreifacht die Reaktionsgeschwindigkeit. Dem steht aber die Denaturierung des Enzyms gegenüber, die für Proteine charakteristisch ist. Daher ergibt sich folgende Kurve:

Temperatur

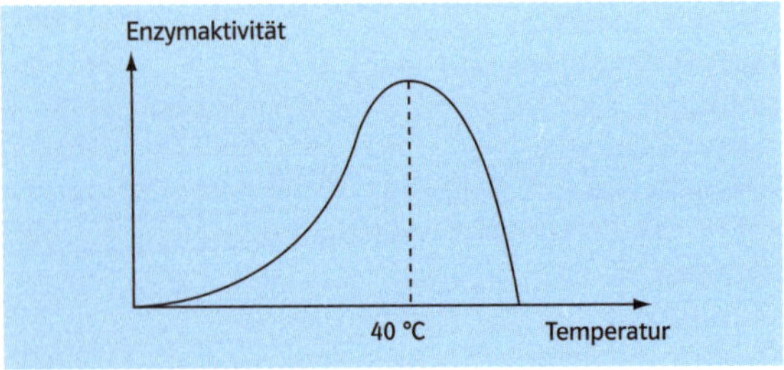

KOMPETITIVE HEMMUNG: SUBSTRATÄHNLICHER HEMMSTOFF Enzyme können auch **gehemmt** werden. Eine Form ist die **kompetitive Hemmung**. Dabei besetzt ein dem Substrat ähnlicher Stoff das **aktive Zentrum**, wird aber nicht umgesetzt. Da die Bindung reversibel ist und Substrat und Hemmstoff um das aktive Zentrum konkurrieren, kann durch die Erhöhung der Substratkonzentration die maximale Reaktionsgeschwindigkeit erreicht werden. Der Hemmstoff hat praktisch keine Chance, an das Enzym zu binden. Die Michaeliskonstante des gehemmten Enzyms ist dann allerdings höher.

Kompetive Hemmung

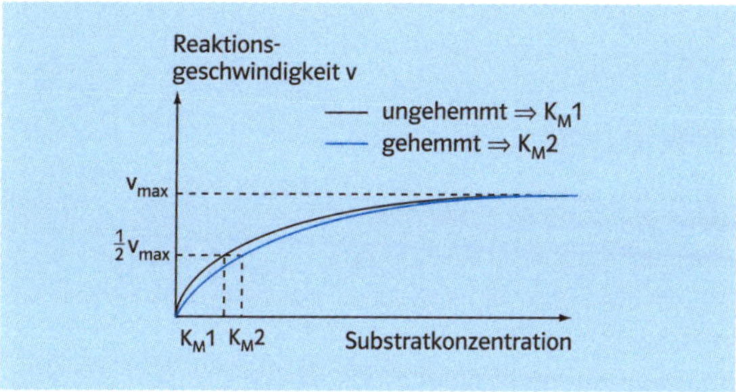

ALLOSTERISCHE HEMMUNG: WIRKSTOPFF HEMMT DURCH BINDEN AM ALLOSTERISCHEN ZENTRUM Bei der **allosterischen Hemmung** bindet der Hemmstoff an eine andere Stelle im Enzym (an das **allosterische Zentrum**) und verändert dadurch die Tertiärstruktur des Enzyms am aktiven Zentrum. Das Substrat kann nicht mehr binden. Eine erhöhte Substratkonzentration beschleunigt zwar die Reaktion mit den ungehemmten Enzymen, hat aber keinen Einfluss auf die gehemmten Enzyme. Die

Maximalgeschwindigkeit wird nicht erreicht, aber K_M ist genauso groß.

Allosterische Hemmung

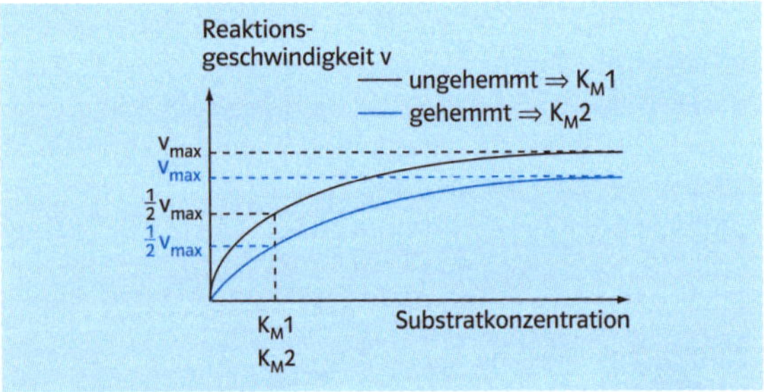

Photosynthese

AUFBAU EINES LAUBBLATTES Die Photosynthese findet zum größten Teil in den Blättern der Pflanzen statt. Im Querschnitt besteht ein Laubblatt aus mehreren Schichten:

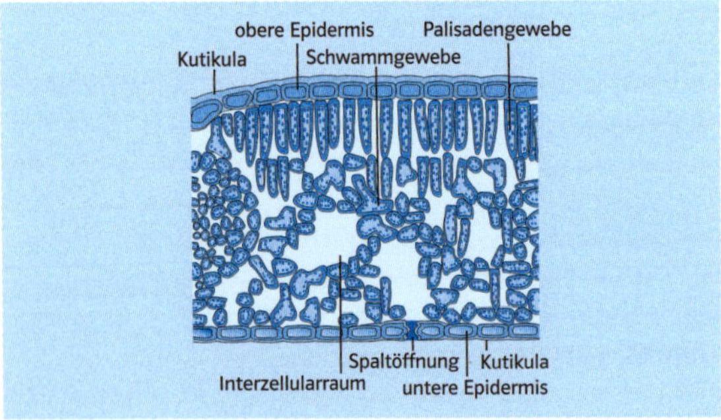

DER CHLOROPLAST IST ORT DER PHOTOSYNTHESE In den Zellen sind die **Chloroplasten** für die Photosynthese verantwortlich. Diese bestehen aus zwei Membranen. Die innere Membran ist stark gefaltet. Diese Falten heißen **Thylakoide**. An den **Thylakoidmembranen** findet die Lichtreaktion statt. Man unterscheidet die **Granathylakoide**, die „geldrollenartige" Gebilde formen, und **Stromathylakoide**, die die Grana verbinden. Der Raum zwischen innerer und äußerer Membran heißt Thylakoid-Innenraum.

Aufbau Chloroplast

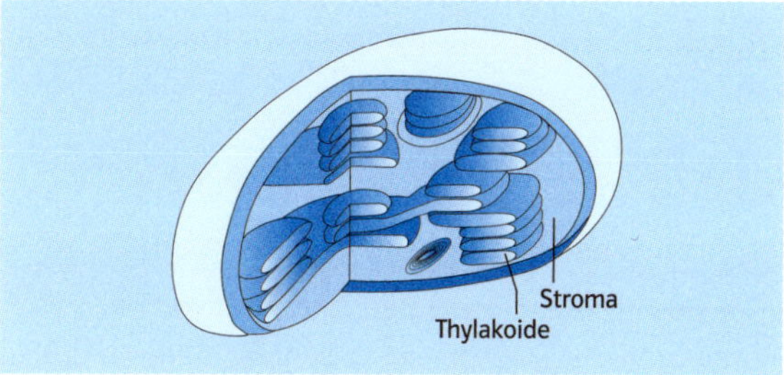

Das Innere der Chloroplasten wird **Stroma** genannt. Das Stroma ist der Ort der lichtunabhängigen Reaktion. Die Chloroplasten enthalten eine eigene, ringförmige DNA und Ribosomen, können also Proteine herstellen. Außerdem findet man Stärkekörner: Sie sind Speicherort der gebildeten Glucose. Nachts wird diese Stärke abgebaut und an andere Stellen in der Pflanze transportiert.

EINFLUSS VON AUSSENFAKTOREN: LICHT, CO_2, TEMPERATUR

Die Photosynthese hängt entscheidend von der **Lichtmenge** ab. Ist kein Licht vorhanden, so kann man keine

Photosynthese messen; die Pflanze betreibt Atmung und verbraucht dabei Sauerstoff. Am **Lichtkompensationspunkt** ist die Lichtmenge so groß, dass sich Photosynthese und Atmung gerade aufheben. Dies wird in einem Diagramm sichtbar, das als Maß für die Photosynthese die O_2-Abgabe verwendet:
Bei zu viel Licht nimmt die Photosyntheseleistung ab, weil die Pigmente zerstört werden.

Abhängigkeit vom Licht

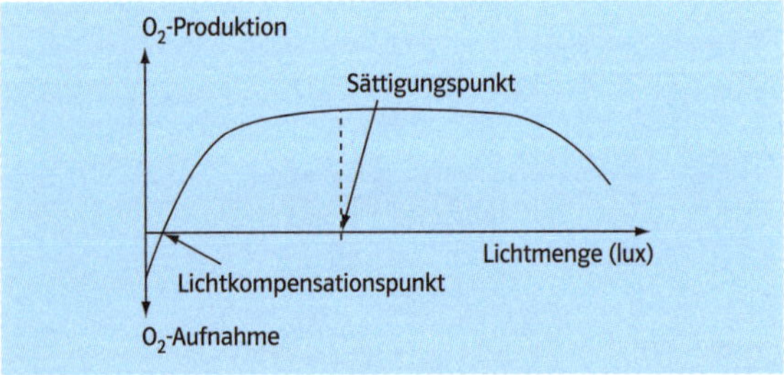

Neben der Lichtquantität spielt außerdem die **Lichtqualität** eine wichtige Rolle, also die **Wellenlänge bzw. Farbe** des Lichts. Dies hängt mit den Photosynthesepigmenten zusammen.

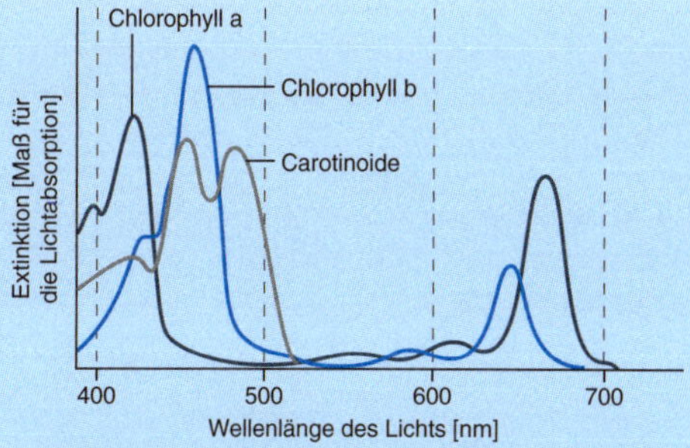

a) Absorptionsspektren. Die drei Kurven zeigen, welche Lichtwellenlängen von den drei aus Chloroplasten gewonnenen Pigmenttypen am besten absorbiert werden.

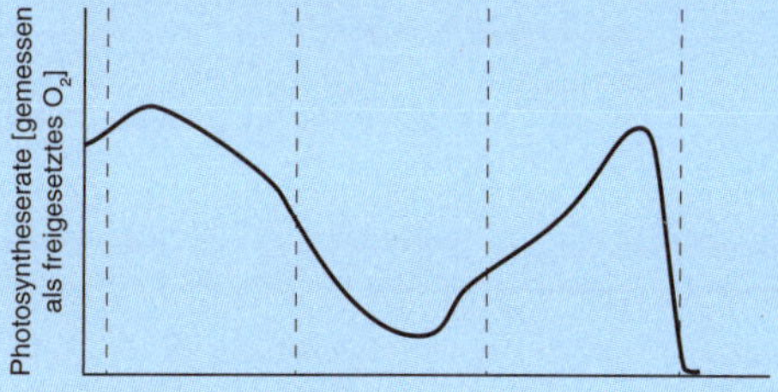

b) Wirkungsspektrum. Die Kurve zeigt, wie stark verschiedene Lichtwellenlängen die Photosynthese antreiben.

Nur das von den Pigmenten absorbierte Licht kann für die Photosynthese ausgenutzt werden. Die beiden Chlorophylle absorbieren im blauen und roten Wellenlängenbereich, die Carotinoide im blauen. Deshalb ist die Photosyntheseleistung in diesen Bereichen hoch; bei grünem Licht findet fast keine Photosynthese statt.

Da in der Dunkelreaktion CO_2 fixiert wird, ist auch die **Konzentration** des Kohlenstoffdioxids wichtig. Die Luft enthält ca. 0,03 % CO_2, optimal wären jedoch 0,1 %. Bei diesem Faktor gibt es einen **CO_2-Kompensationspunkt**. Hier handelt es sich um die CO_2-Konzentration, bei der sich Atmung der Pflanze und Photosynthese gegenseitig aufheben. Im Prinzip gleicht die Kurve der CO_2-Abhängigkeit der der Lichtintensitätsabhängigkeit.

Abhängigkeit von CO_2

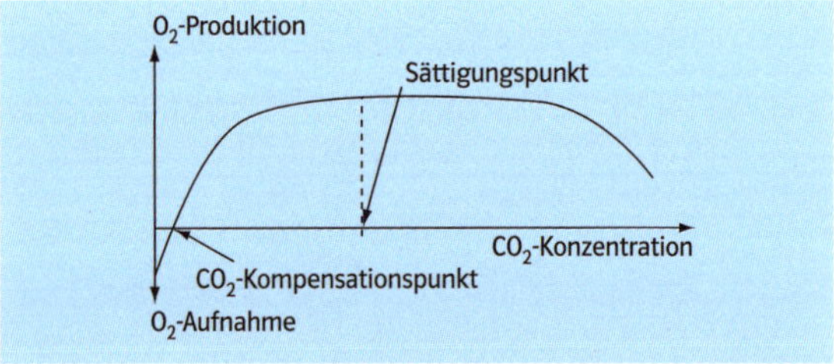

Die Enzyme der Dunkelreaktion sind wie alle Enzyme **temperaturabhängig**. Sie folgen der **RGT-Regel**: Die Erhöhung der Temperatur um 10 °C bewirkt eine Verdoppelung der Reaktionsgeschwindigkeit. Ab 40 °C **denaturieren** die Enzyme jedoch, da sie aus Proteinen bestehen. So ergibt sich die folgende Kurve:

Temperaturabhängigkeit

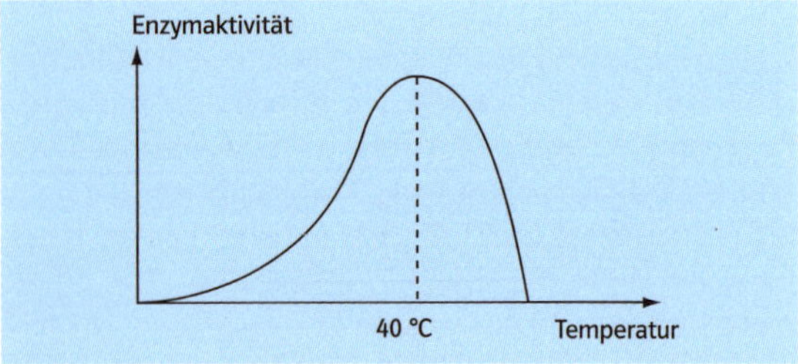

Zusätzlich ist die Photosynthese noch abhängig von Faktoren, die die Pflanze insgesamt beeinflussen, z. B. vom **Wassergehalt des Bodens und der Luftfeuchtigkeit**. Wenn es sehr heiß und trocken ist, wird die Pflanze ihre Spaltöffnungen schließen, um wenig Wasser zu verlieren. Dadurch gelangt aber auch kein CO_2 ins Blatt und die Photosyntheserate sinkt.

Auch das **Mineralstoffangebot des Bodens** hat einen Einfluss auf die Photosynthese: Die Pigmente der Lichtreaktion enthalten zum Teil Metallionen, die Coenzyme ATP und $NADP^+$ benötigen Phosphor und einige Enzyme der Dunkelreaktion sind ebenfalls auf bestimmte Ionen angewiesen; um die Enzyme zu synthetisieren, benötigt die Zelle Aminosäuren, die wiederum auf einem ausreichenden Nitratangebot im Boden beruhen. So kann ein fehlendes Mineral den gesamten Photosyntheseablauf behindern. Meistens ist der **Phosphatgehalt** des Bodens bzw. Wassers der limitierende Faktor (vgl. Ökologie).

ÜBERBLICK

Bruttogleichung **$6\ CO_2 + 6\ H_2O \rightarrow C_6H_{12}O_6 + 6\ O_2$**
CO_2 wird reduziert, H_2O wird oxidiert – **$NADPH/H^+$** fungiert als Elektronenüberträger
Die nötige Energie liefert das Licht – **ATP** fungiert als Energieüberträger
Gliederung in **Licht- und Dunkelreaktion**

Oxidationszahlen in der Bruttogleichung:

$$6\ \overset{+4\,-2}{CO_2} + 6\ \overset{+1\ \ -2}{H_2O} \rightarrow \overset{0\ \ +1\ \ \ -2}{C_6H_{12}O_6} + 6\ \overset{0}{O_2}$$

Die Oxidationszahl des **Kohlenstoffatoms** wird von +4 auf 0 gesenkt, also wird es **reduziert** (nimmt Elektronen auf). Die Oxidationszahl des **Sauerstoffatoms** steigt von −2 auf 0, es gibt also Elektronen ab und wird **oxidiert**. Die Elektronen werden durch das Coenzym **NADPH/H⁺** aufgenommen und abgegeben.

Die Reduktion des Kohlenstoffs ist sehr energieaufwändig. Die Energie liefert das Licht. Als Energieüberträger fungiert **ATP**. In der **lichtabhängigen Reaktion (Lichtreaktion)** wird unter Aufnahme von Licht H_2O gespalten, $NADPH/H^+$ und ATP werden gebildet und O_2 wird frei.

In der lichtunabhängigen Reaktion (Dunkelreaktion) werden $NADPH/H^+$ und ATP verbraucht, um das aufgenommene CO_2 zu $C_6H_{12}O_6$ zu reduzieren. Dies geschieht in einem zyklischen Vorgang (Calvin-Zyklus).

LICHTREAKTION: PHOTOLYSE, SAUERSTOFFPRODUKTION, BILDUNG VON $NADPH/H^+$ UND ATP

Anregung zweier **Photosysteme** P 680 und P 700
Elektronentransport zum $NADP^+ \rightarrow NADPH/H^+$
Photolyse des Wassers, Sauerstoffproduktion!
Ausgleich eines Protonengradienten, dabei Gewinn von ATP (**Photophosphorylierung**)

Die Lichtreaktion findet an den Membranen der Chloroplasten (Thylakoidmembranen) statt. Die Photosynthesepigmente (Chlorophyll, Carotinoide) sind zu **Photosystemen** zusammengelagert. Sie absorbieren Licht (vor allem aus dem blauen und roten Bereich des Spektrums). Dabei wird letztlich ein Elektron eines speziellen Chlorophyll-Moleküls so energiereich, dass es das Molekül verlassen kann.

Zwei Photosysteme (P680 und P700) wirken dabei so zusammen, dass **Elektronen** über verschiedene Redoxsysteme **auf $NADP^+$ übertragen** werden können, das mit zwei Protonen (H^+) zu $NADPH/H^+$ wird.

Die im Chlorophyll fehlenden Elektronen werden durch die **Spaltung eines Wassermoleküls** ersetzt (**Photolyse**):

$$H_2O \rightarrow 2e^- + 2H^+ + \tfrac{1}{2}\,O_2$$

Hier entsteht der **Sauerstoff**, der bei der Photosynthese frei wird. Dies ist durch Versuche mit markiertem Sauerstoff bewiesen (O-18-Tracermethode).

Die Spaltung des Wassers und die Bildung von $NADPH/H^+$ finden auf zwei unterschiedlichen Seiten der Thylakoidmembranen statt. Bei der Wasserspaltung im Thylakoid-Innenraum entstehen H^+-Ionen, bei der Bildung von $NADPH/H^+$ im Stroma werden sie verbraucht. Außerdem werden beim Transport der Elektronen vom P 680 auf P 700 zwei H^+-Ionen vom Stroma in den Innenraum gebracht. Der so aufgebaute **Protonengradient** kann sich ausgleichen, indem Protonen durch die Kanäle des Enzyms **ATPase** fließen. Dabei entsteht energiereiches ATP aus ADP und Phosphat (= **Photophosphoryllierung**).

Lichtreaktion

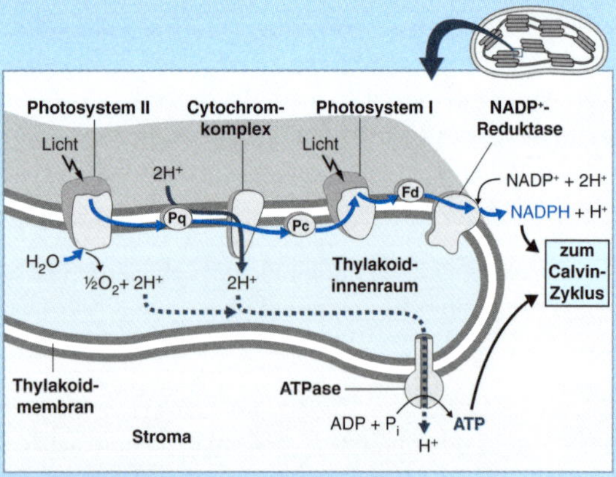

Pq = Plastochinon; Pc = Plastocyanin; Fd = Ferredoxin
→ Elektronenfluss → Protonenfluss

Für die Reduktion von 6 CO_2-Molekülen (C mit der Oxidationszahl +4) zu $C_6H_{12}O_6$ (C mit Oxidationszahl 0) werden $6 \cdot 4 = 24$ Elektronen benötigt. Diese sind in 12 NADPH/H^+ gespeichert. Um diese zu bilden, müssen 12 H_2O-Moleküle gespalten werden und es entstehen 6 Moleküle O_2. Dies erkennt man in der **„erweiterten Bruttogleichung der Photosynthese“**:

$$6\,CO_2 + 12\,H_2O \rightarrow C_6H_{12}O_6 + 6\,O_2 + 6\,H_2O$$

Die 6 Wassermoleküle auf der Produktseite entstehen im Calvin-Zyklus.

DUNKELREAKTION: CALVIN-ZYKLUS

Fixierung von CO_2 an RubP, Bildung von PGS
Reduktion von PGS zu GAP unter Verbrauch von NADPH/H^+ und ATP
Bildung der Glucose
Regeneration von RubP unter ATP-Verbrauch

Die Dunkelreaktion oder besser die **lichtunabhängige Reaktion** findet im **Stroma** der Chloroplasten statt. Werden die Produkte der Lichtreaktion (NADPH/H^+ und ATP) künstlich geliefert, so kann sie auch ohne Licht stattfinden.
Die Reaktionen werden durch Enzyme katalysiert und sind deshalb temperaturabhängig. Die Abfolge der einzelnen Reaktionsschritte wird Calvin-Zyklus genannt.

Die folgenden Stoffe spielen eine wichtige Rolle im Calvin-Zyklus:

Ribulose-1,5-bisphosphat
= Ribulose-1,5-diphosphat
Abkürzung **RubP/RudP**; es besteht aus fünf C-Atomen, wird also auch mit C_5 abgekürzt

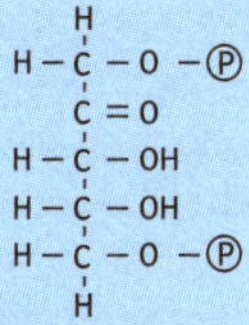

3-Phospho-Glycerinsäure
= 3-Phosphoglycerat
= Glycerinsäure-3-Phosphat;
Abkürzung **PGS**
oxidierte Form eines C_3-Körpers

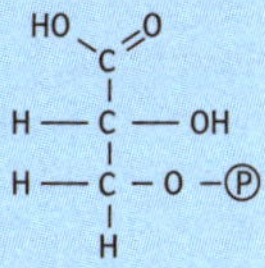

Glycerinaldehyd-3-Phosphat
= Triose-Phosphat
Abkürzung **GAP**
reduzierte Form eines C_3-Körpers

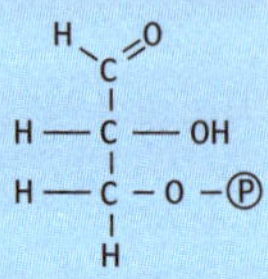

Der Calvinzyklus besteht aus folgenden Abschnitten:
Fixierungsphase: 6 CO_2 Moleküle werden an 6 RubP **gebunden**. Diese reagieren zu 6 instabilen C_6-Körpern, die unter Aufnahme von 6 H_2O zu 12 PGS zerfallen. Das Enzym, das diese Reaktion katalysiert, heißt Rubisco = RubP-Carboxylase/Oxigenase und ist vermutlich das häufigste Protein der Erde. Es hat keine sehr große Affinität zum CO_2, kann aber auch die Anlagerung von Sauerstoff katalysieren. Dies verringert die Photosyntheseleistung

Reduktionsphase: Die 12 PGS-Moleküle werden durch 12 $NADPH/H^+$ zu 12 GAP **reduziert**. Dazu sind auch 12 ATP nötig. Es entstehen 12 Moleküle H_2O, außerdem werden 12 $NADP^+$ und 12 ADP + P frei, die in die Lichtreaktion zurücklaufen. Dies ist der energieaufwändigste Schritt der Photosynthese.

Glucosebildung und Regeneration von RubP:
Zwei der 12 **GAP-Moleküle** bilden Glucose (und zwei Phosphat).
Die restlichen **10 GAP-Moleküle** werden in einer komplexen Reaktionsfolge unter Aufwendung von 6 ATP **zu 6 RubP umgebildet**, die wieder als Akzeptormoleküle für CO_2 bereitstehen; der Kreislauf ist geschlossen.

Calvin-Zyklus

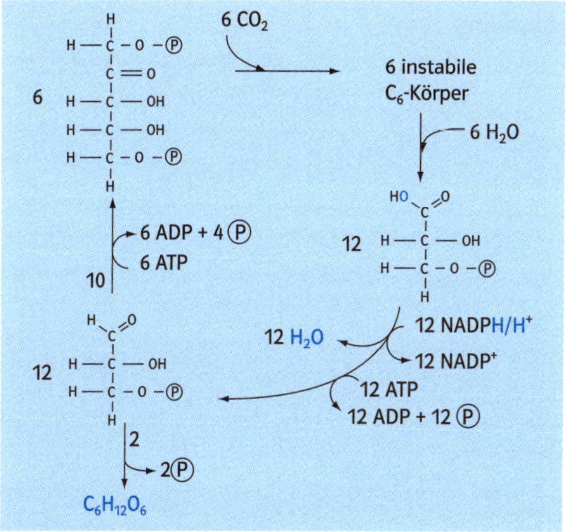

BILANZEN

Bilanz der Dunkelreaktion

$6\ CO_2 + 12\ NADPH/H^+ + 18\ ATP$
$\rightarrow C_6H_{12}O_6 + 6\ H_2O + 12\ NADP^+ + 18\ ADP + 18\ P$

Bilanz der Lichtreaktion

$12\ H_2O + 12\ NADP^+ + 18\ ADP + 18\ P$
$\rightarrow 6\ O_2 + 12\ NADPH/H^+ + 18\ ATP$

Addiert man die beiden Bilanzen und kürzt die Reduktions- und Energieäquivalente, so erhält man wieder die erweiterte Photosynthesegleichung:

$$6\ CO_2 + 12\ H_2O \rightarrow C_6H_{12}O_6 + 6\ O_2 + 6\ H_2O$$

Stoffabbau

ÜBERBLICK Der Abbau der Glucose kann auf **drei verschiedene Arten** ablaufen, die abhängig vom Lebewesen und von den äußeren Bedingungen sind.

Im besten Fall verläuft der Abbau **aerob, das heißt mit Sauerstoff.** Dabei kann sehr **viel Energie** in Form von ATP gewonnen werden. Die meisten Organismen bauen die Glucose aerob zu Kohlenstoffdioxid und Wasser ab, falls Sauerstoff vorhanden ist:

$$C_6H_{12}O_6 + 6\ O_2 \rightarrow 6\ CO_2 + 6\ H_2O.$$

Ohne Sauerstoff, also unter **anaeroben Bedingungen**, finden **Gärungen** statt. Ein Teil der Organismen kann **Milchsäuregärung** betreiben, beispielsweise alle Säugetiere und die Milchsäurebakterien. Das Endprodukt ist dabei die Milchsäure:

$$C_6H_{12}O_6 \rightarrow 2\ C_3H_6O_3.$$

Andere Lebewesen, wie z. B. Hefezellen, betreiben ohne Sauerstoff die **alkoholische Gärung.** Neben Alkohol (Ethanol) wird hier auch CO_2 freigesetzt:

$$C_6H_{12}O_6 \rightarrow 2\ CO_2 + 2\ C_2H_6O.$$

Bei beiden Gärungen wird nur **sehr wenig Energie** gewonnen, ca. 1/19 der Menge des aeroben Abbaus.
Allen drei Wegen gemeinsam ist der Anfang des Abbaus. Die so genannte **Glycolyse** findet bei allen Lebewesen im **Zytoplasma** statt.
Die Gärungen sind ebenfalls hier angesiedelt. Für den weiteren **aeroben Abbau** sind bei höheren Organismen die **Mitochondrien** zuständig.

GLYCOLYSE

Glucose wird in zwei Brenztraubensäuremoleküle zerlegt.
Es entstehen 2 NADH/H$^+$ und 2 ATP.
Ort der Glycolyse ist das Cytoplasma.

Der erste Abschnitt des Glucoseabbaus findet im Zytoplasma statt. Glucose wird aktiviert, zweigeteilt und schließlich oxidiert. Am Ende steht die Brenztraubensäure (➛ Pyruvat).

Glycolyse

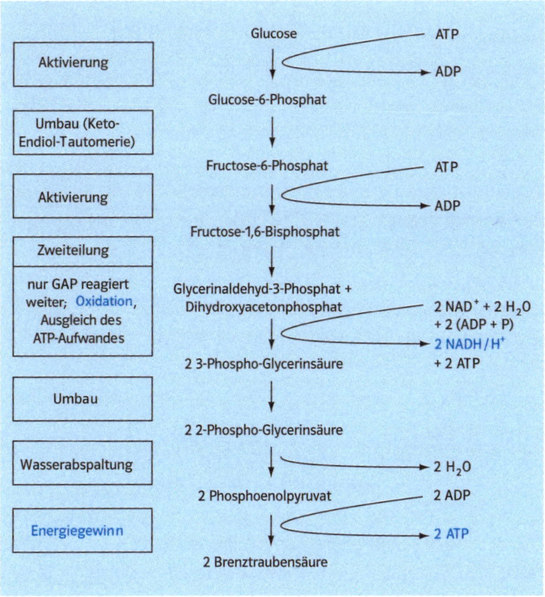

Summengleichung der Glycolyse

$$C_6H_{12}O_6 \quad + 2\,NAD^+ \quad + 2\,(ADP + P)$$
$$\rightarrow 2\,C_3H_4O_3 \quad + 2\,NADH/H^+ \quad + 2\,ATP$$

ANAEROBER ABBAU: MILCHSÄUREGÄRUNG UND ALKOHOLISCHE GÄRUNG

Regeneration der $NADH/H^+$ durch Pyruvat oder Ethanal
Energiegewinn nur 2 ATP

Bei der Glycolyse reagieren zwei Moleküle NAD^+ durch Aufnahme von Elektronen und Protonen zu $NADH/H^+$. Sind alle NAD^+-Moleküle der Zelle mit Elektronen und Protonen beladen, so kommt die Glycolyse zum Stillstand. Es muss also einen Weg geben, dass NADH/H+ die Elektronen wieder abgibt, damit die Glycolyse weiterläuft. Beim aeroben Abbau können die Elektronen auf Sauerstoff übertragen werden, der jedoch beim anaeroben Abbau nicht zur Verfügung steht. Die Elektronen (und Protonen) werden hier entweder auf das Endprodukt der Glycolyse (Pyruvat) oder ein Abbauprodukt des Pyruvats übertragen.

Bei der **Milchsäuregärung** reagiert das Pyruvat direkt mit dem $NADH/H^+$ zu Milchsäure (Lactat):

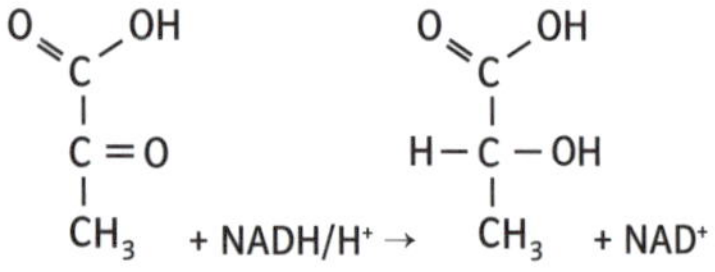

Die Milchsäuregärung findet z. B. im Muskel der Wirbeltiere statt, wenn sie stark beansprucht werden, z. B. bei einem Sprint oder beim Hanteltraining. Der Sauerstoffvorrat reicht nicht mehr für den aeroben Abbau aus und die Muskelzellen stellen auf die Milchsäuregärung um. Der „Lactatwert“ ist deshalb ein Indikator für den Trainingszustand eines Sportlers. Je geringer er nach einer Belastung ausfällt, desto besser kann der Sportler durch Nutzung des aeroben Abbaus viel Energie bereit stellen. Durch Training erhöht sich die Durchblutung (Sauerstoffzufuhr!) und die Zahl der Mitochondrien im Muskel (zuständig für aeroben Abbau), so dass erst nach größerer Belastung auf die Gärung umgestellt wird.

Die Milchsäuregärung wird auch von den Milchsäurebakterien betrieben; sie finden Einsatz bei der Joghurt-Herstellung oder auch bei der Produktion von Sauergemüse (z. B. Sauerkraut).

Das Bakterium *Streptococcus mutans* betreibt im Mund der Menschen Milchsäuregärung; die Milchsäure greift den Zahnschmelz an und verursacht Karies.

Bei der **alkoholischen Gärung** wird zunächst vom Pyruvat ein Molekül CO_2 abgespalten und es bildet sich Ethanal. Auf das Ethanal werden dann die Elektronen und Protonen des $NADH/H^+$ übertragen, so dass durch diese Reduktion Ethanol entsteht:

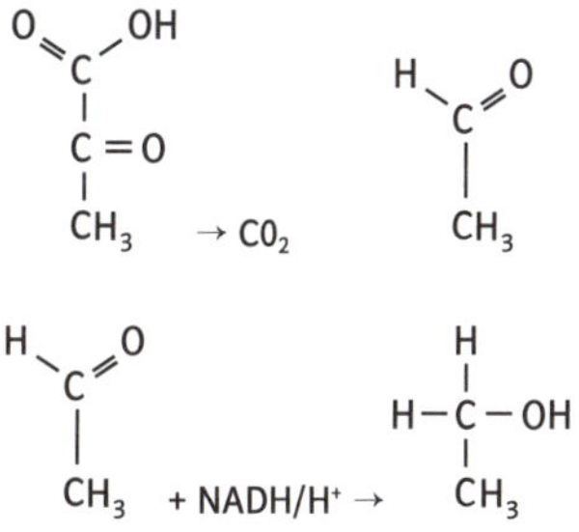

Die alkoholische Gärung wird v. a. von Hefezellen unter anaeroben Bedingungen betrieben. Der Mensch nutzt sie einmal zur Gewinnung von Alkohol im Bier oder Wein, aber auch wegen der Kohlendioxidgewinnung in Teig. Die Gasbläschen dehnen sich beim Backen aus und lockern das Gebäck.

Bei diesen Wegen entstehen mit der Milchsäure bzw. dem Trinkalkohol Stoffe, die noch recht energiereich sind. Der Energiegehalt der Glucose kann hier **nur zu einem sehr kleinen Teil** genutzt werden: Es werden pro Glucosemolekül nur **2 Moleküle ATP** (aus der Glycolyse) gebildet. Der aerobe Abbau liefert 38 ATP!

Deshalb wird **bei den Gärungen mehr Glucose verbraucht**, um die gleiche Energiemenge zu erhalten, so z. B. bei Hefezellen, die sowohl aerob als auch anaerob arbeiten können.

AEROBER ABBAU MIT OXIDATIVER DECARBOXYLIERUNG, ZITRONENSÄUREZYKLUS UND ATMUNGSKETTE

Regeneration des $NADH/H^+$ mit Sauerstoff in der Atmungskette
Abbau des Pyruvats zu CO_2 in oxidativer Decarboxylierung und im Zitronensäurezyklus
Energiegewinn: 38 ATP

Beim aeroben Abbau steht durch die Atmungskette in den Mitochondrien eine Möglichkeit zur Verfügung, das in der Glycolyse **gebildete $NADH/H^+$ mit Sauerstoff** zu NAD^+ und Wasser zu **regenerieren**, so dass es wieder eingesetzt werden kann. Daher kann auch im weiteren Verlauf des Abbaus $NADH/H^+$ gewonnen werden.

Regeneration von NADH/H$^+$

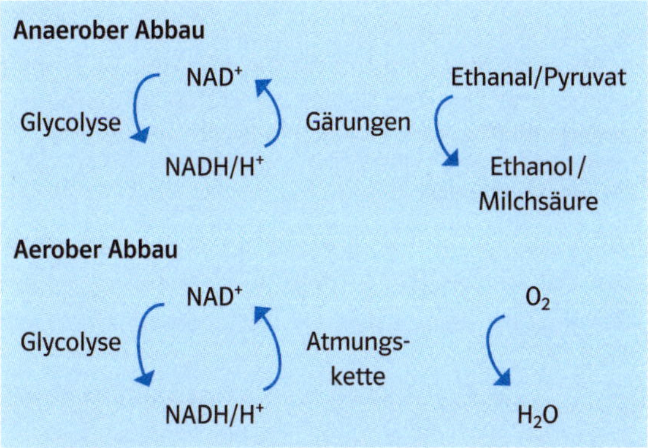

Zunächst findet beim aeroben Abbau **die oxidative Decarboxylierung** statt: Brenztraubensäure wird oxidiert und decarboxyliert, das heißt, es wird CO_2 abgespalten. Gleichzeitig wird das Produkt mit dem Coenzym A (HSCoA) aktiviert.

Oxidative Decarboxylierung

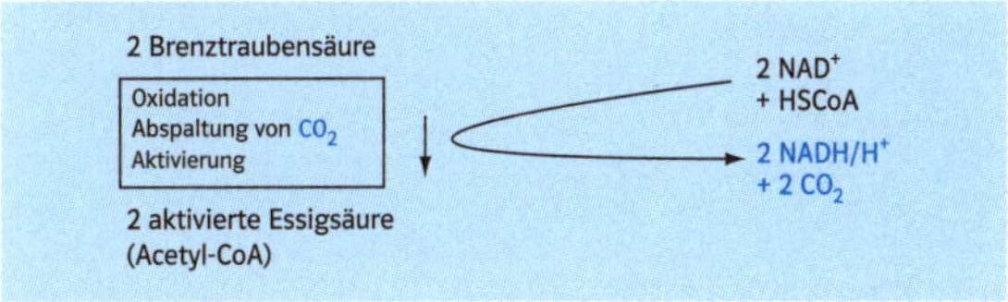

Im Anschluss findet der **Zitronensäurezyklus** (= Zitratzyklus, Tricarbonsäurezyklus, Krebszyklus) statt. Die beiden aktivierten Essigsäuremoleküle werden vollständig zu 4 CO_2 oxidiert. Es werden dabei 6 Moleküle Wasser verbraucht. Gewonnen werden 2 Moleküle ATP (eigentlich GTP), 6 Moleküle $NADH/H^+$ und 2 Moleküle $FADH_2$.

Die Moleküle des Kreisprozesses werden mit C_6, C_5 und C_4 abgekürzt. Das erste C_6-Molekül ist die Zitronensäure, das erste und letzte C_4-Molekül heißt Oxalessigsäure.

Zitronensäurezyklus

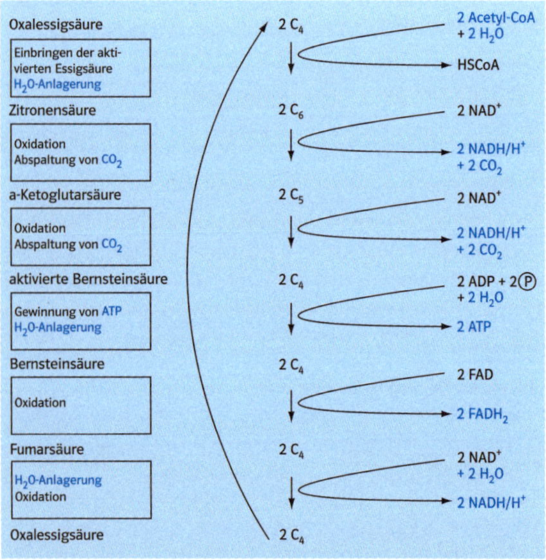

Alle gebildeten Reduktionsäquivalente, also $NADH/H^+$ und $FADH_2$ werden beim aeroben Abbau in der **Atmungskette** regeneriert. Damit ist ein **großer ATP-Gewinn** verbunden: Pro $NADH/H^+$ werden 3 ATP gewonnen, $FADH_2$ liefert 2 ATP.

Elektronentransportkette im Mitochondrium

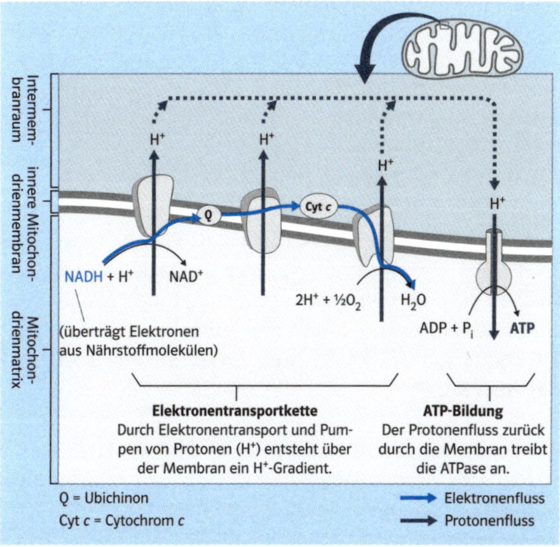

Die Atmungskette findet an den inneren Mitochondrienmembranen statt. Die Elektronen der Reduktionsäquivalente werden in eine **Elektronentransportkette** überführt, die sie letztlich auf ein Sauerstoffatom überträgt, das dann mit zwei H^+-Ionen ein **Molekül H_2O** bildet.

An der Elektronentransportkette sind Redoxsysteme beteiligt: FMN, Ubichinon und Cytochrom a, b und c.

FMN und Ubichinon nehmen jeweils zwei Elektronen und gleichzeitig zwei H^+-Ionen auf. Bei der Elektronenabgabe werden auch die H^+-Ionen wieder abgegeben. Die

Aufnahme der H^+-Ionen erfolgt auf der Matrixseite, die Abgabe im Intermembranraum. Cytochrom a, b und c leiten nur die Elektronen weiter. Bei der Weitergabe an Sauerstoff in der Matrix bildet sich mit weiteren H^+-Ionen Wasser. So wird die Zahl der H^+-Ionen in der Matrix geringer, im Intermembranraum immer mehr. Dieser **Protonengradient** wird ausgeglichen, indem die H^+-Ionen durch die ATPase strömen. Dabei entsteht **ATP**.

$NADH/H^+$ gibt seine Elektronen und Protonen an FMN ab, $FADH_2$ an Ubichinon. Bei der Oxidation des $FADH_2$ werden deshalb insgesamt weniger H^+-Ionen von der Matrix in den Intermembranraum gebracht; deshalb liefert die Oxidation des **$FADH_2$ nur 2 ATP**, die von **$NADH/H^+$ dagegen 3 ATP**.

Auf dem gesamten Abbauweg der Glucose sind insgesamt 10 $NADH/H^+$ und 2 $FADH_2$ entstanden. Die Atmungskette liefert bei deren Oxidation also $10 \cdot 3 + 2 \cdot 2 = 34$ ATP. Nimmt man die 2 ATP aus der Glycolyse und die 2 ATP aus dem Zitronensäurezyklus dazu, erhält man **38 Moleküle ATP**.

Wirkungsgrad: Ein Mol ATP speichert 30,5 kJ Energie: man erhält $38 \cdot 30{,}5$ kJ = 1159 kJ beim aeroben Abbau der Glucose. Der Energiegehalt von einem Mol Glucose entspricht 2872 kJ. **Der Wirkungsgrad des aeroben Abbaus beträgt ca. 40 %**. Der Rest wird als Wärmeenergie frei.

Wenn die Atmungskette durch Gifte wie z. B. KCN („Cyankali“) blockiert wird, kann die Zelle nur auf anaerobe Abbauwege zurückgreifen, obwohl Sauerstoff anwesend ist. Dabei entsteht aber wesentlich weniger Energie.

6 Ökologie

QUICK-FINDER

Umweltfaktoren

ABIOTISCHE FAKTOREN Die Ökologie befasst sich mit den Wechselbeziehungen der Lebewesen untereinander und mit ihrer Umwelt. Betrachtet man die Lebewesen isoliert und untersucht ihre Ansprüche an die Umwelt, so betreibt man Autökologie. Unter den abiotischen Umweltfaktoren versteht man die unbelebten Faktoren, vor allem Licht, Temperatur, Wassergehalt von Luft und Boden, pH-Wert, Mineralstoffangebot oder Wind.

Allgemein kann man für die abiotischen Faktoren folgende Kurve auftragen, aus der man den **Toleranzbereich** bezüglich des Umweltfaktors ablesen kann. Ist dieser weit, so spricht man von einer **euryöken** Art, ist er dagegen eng, so nennt man die Art **stenök** bezüglich des Faktors. So ist die Forelle z. B. eine kaltstenotherme Fischart, sie verträgt also nur kaltes Wasser. Pflanzen und Tiere zeigen zahlreiche Anpassungen an die Umweltfaktoren (im Bereich der Evolution findet man die Umweltfaktoren als Selektionsfaktoren wieder).

Toleranzbereich

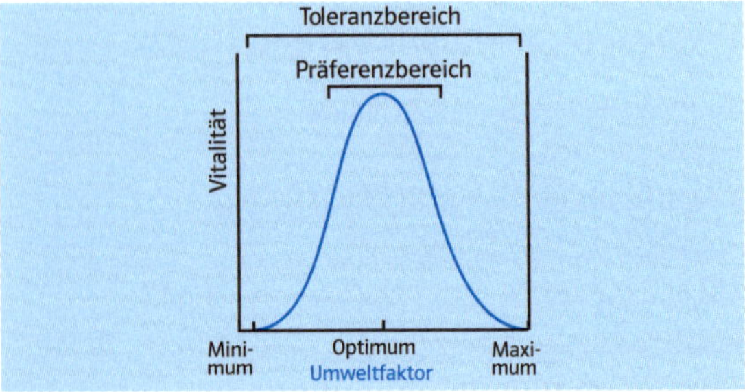

Pflanzen und Licht: Pflanzen können den Photosyntheseapparat an wenig oder viel Licht anpassen. **Starklichtpflanzen** nutzen das Licht besser aus, benötigen aber auch mehr Licht, um die Atmung zu kompensieren; bei **Schwachlichtpflanzen** ist es umgekehrt. **Sonnenblätter** haben mehr photosynthetisch aktives Gewebe.
Durch das Licht werden auch die Keimung und die Blütenbildung beeinflusst.

Pflanzen und Feuchtigkeit: Anpassungen an Trockenheit sind eine dicke Epidermis mit Wachsauflage, tote, luftgefüllte Haare als Verdunstungsschutz, versenkte Spaltöffnungen und stark verholzte, kleine Blätter. Pflanzen mit diesen Anpassungen nennt man **Xerophyten**. Andere Pflanzen haben Wasserspeicherorgane (wie z. B. Kakteen). Man nennt sie **Sukkulenten**. Auch zu viel Wasser erfordert eine bestimmte Anpassung. Dünne, zarte und große Blätter mit erhöhten Spaltöffnungen sind die typischen Erscheinungsformen der **Hygrophyten**.

Pflanzen und pH-Wert/Mineralstoffangebot: Pflanzen sind auf ausreichend Mineralien angewiesen. Die wichtigsten sind Kalium, Stickstoff und Phosphor, aber auch Magnesium, Calcium, Eisen und andere Spurenelemente. Nach Justus von Liebig begrenzt der Mineralstoff, der am wenigsten zur Verfügung steht, das Wachstum. Bei bestimmten pH-Werten bzw. Mineralstoffangeboten gibt es Pflanzen, die diese Faktoren besonders gut nutzen, aber nur in einem engen Toleranzbereich auftreten. Sie werden als **Zeigerarten** bezeichnet.

Tiere und Temperatur: Vor allem die gleichwarmen Tiere (**homoiotherme** Tiere) sind an extreme Temperaturen angepasst. Die **Bergmannsche Regel** besagt, dass nah verwandte Tiere in kälteren Regionen größer sind (z. B. Pinguine). Dies hängt mit dem günstigeren Oberflächen-/Volumenverhältnis und der geringeren Wärmeabstrahlung zusammen. Nach der **Allenschen Regel** besitzen Tiere in kälteren Regionen kleinere Körperanhänge (vor allem Ohren, Schwänze, z. B. bei den Füchsen). Wechselwarme (**poikilotherme**) Tiere können die Temperatur nur über ihr Verhalten regulieren, z. B. indem sie sich in die Sonne legen oder den Schatten aufsuchen.

Tiere und Wasser: Einige Tierarten haben sich an Wassermangel angepasst; sie schwitzen wenig, geben wenig Wasser über Urin oder Kot ab und verwerten das Stoffwechselwasser ($C_6H_{12}O_6 + 6\ O_2 \rightarrow \mathbf{6\ H_2O} + 6\ CO_2$) gut.

BIOTISCHE FAKTOREN Die biotischen Umweltfaktoren sind im wesentlichen: Fressfeinde, Beute, Konkurrenten, Bestäuber, Parasiten, Krankheitserreger, Symbionten und Geschlechtspartner. Auch bezüglich dieser Faktoren gibt es zahlreiche Anpassungen, z. B. Tarn- oder Warnfarben, lockende Farben oder Immunsysteme und andere Abwehrmechanismen gegen Krankheitserreger.
Vor allem die **Konkurrenz** fördert die Anpassungen an neue Umweltbedingungen. Man unterscheidet die zwischenartliche oder **interspezifische Konkurrenz** und die innerartliche bzw. **intraspezifische Konkurrenz**. Innerhalb der Art ist die Konkurrenz am größten, weil die Lebewesen die ähnlichsten Ansprüche an ihre Umwelt haben. Wenn zwei verschiedene Arten genau dieselben Ansprüche an ihre Umwelt haben, so wird eine davon diese besser nutzen können und die andere Art verdrängen. Dies nennt man das **Konkurrenzausschlussprinzip**.

ÖKOLOGISCHE NISCHE ALS GESAMTHEIT ALLER EINFLUSSFAKTOREN Fasst man alle abiotischen und biotischen Ansprüche einer Art zusammen, so spricht man von der **ökologischen Nische**. Dieser Begriff ist keine Ortsangabe! Die ökologische Nische einer Art umfasst zwar auch ihren Lebensraum, beinhaltet aber auch Aktivitätszeit, Nahrung, Temperatur etc. Zur Beschreibung der ökologischen Nische einer Art muss man alle Faktoren angeben, die für die Art wichtig sind.
Für jede ökologische Nische kann nur eine Art existieren (**Konkurrenzausschlussprinzip**). So kann schon die Aktivitätszeit eine Nische verändern. Wenn also eine Tierart morgens und die andere abends aktiv ist, können beide alle anderen Ansprüche an ihre Umwelt gemeinsam haben.
Das Besetzen von ökologischen Nischen ist bei der Evolution der Arten sehr wichtig. Wenn eine Population sehr groß geworden ist, kann eine zufällige Veränderung eines Lebewesens, die ihm eine neue, unbesetzte ökologische Nische erschließt, einen großen Vorteil darstellen. Das Lebewesen vermehrt sich und gibt seine Veränderung an die Nachkommen weiter, die der Konkurrenz durch den Rest der Population entgehen. Wird das Mischen der Gene verhindert, können so neue Arten entstehen (siehe Kapitel Evolution).

6

Populationsökologie

POPULATIONEN ENTWICKELN SICH NACH EINEM TYPISCHEN VERLAUF, DER LOGISTISCHEN WACHSTUMSKURVE Vor allem Bakterienkolonien, aber auch die Populationen anderer Lebewesen entwickeln sich in einem neuen Lebensraum in folgenden Phasen:

1. **Anlaufphase**: Hier findet die Anpassung an den neuen Lebensraum statt, die Vermehrung ist noch nicht exponentiell.
2. **Vermehrungsphase**: Die Vermehrung ist nahezu exponentiell, es findet also eine Verdoppelung der Population pro Zeiteinheit statt; dieses exponentielle Wachstum wird allerdings sehr bald durch die begrenzten Ressourcen der Umwelt in das logistische Wachstum abgeändert. Die Umweltkapazität bremst das exponentielle Wachstum.
3. **Stationäre Phase**: Das Wachstum ist praktisch null, es sterben genauso viele Individuen, wie entstehen.
4. **Absterbephase**: Diese Phase gibt es vor allem bei Bakterien: Durch Anhäufung von Stoffwechselprodukten und Nahrungsmangel sterben mehr Bakterien ab, als neu gebildet werden.

Mathematisch kann das Populationswachstum durch die Geburten- und Sterberate betrachtet werden. Die Geburtenrate (b, von engl. *birth*) gibt an, wie viele Nachkommen eine Populationseinheit pro Zeiteinheit im Durchschnitt hat, die Sterberate (d, von engl. *death*) nennt hier die Todesfälle.

Für die Populationsentwicklung der Menschen wird das meist in Geburten bzw. Sterbefällen pro 1000 Bürger und pro Jahr angegeben. 2007 lag die Geburtenrate in Deutschland bei 8,2, die Sterberate bei 10,7. Kenia wies in diesem Jahr eine Geburtenrate von 38,9 auf, die Sterberate lag bei 10,95

Aus b und d lässt sich durch Subtraktion die Zuwachsrate r berechnen. Für Deutschland, ergab sie 2007 einen negativen Wert von −2,5, Kenia hatte eine Zuwachsrate von 27,95. Dies entspricht einem Bevölkerungswachstum von 2,79 % im Jahr.

So kann man, unbegrenztes Wachstum vorausgesetzt, die Individuenzahl einer Population nach einer Zeit t (N(t))in Abhängigkeit von der Individuenzahl zu Beginn (N_0) berechnen: $N(t) = (1+r)^t \cdot N_0$
(Hier ist zu beachten, dass die Zeit t in der selben Einheit verwendet wird, die in der Zuwachrate enthalten ist.)

Je näher die Populationsgröße sich jedoch an der Umweltkapazität, der maximalen Fassungskraft der Umwelt für die betreffende Population, befindet, desto kleiner wird die Zuwachsrate. So ergibt sich folgende Grafik:

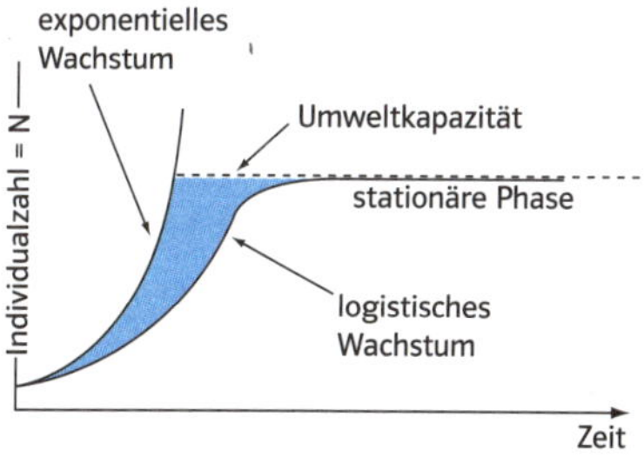

DIE GRÖSSE VON POPULATIONEN WIRD GEREGELT Die logistische Wachstumskurve zeigt einen sigmoiden Verlauf; die Absterbephase ist in der Grafik nicht berücksichtigt, ist aber bei vielen Populationen auch nicht vorhanden.

Das Populationswachstum wird durch mehrere Faktoren begrenzt: durch dichteunabhängige Faktoren wie Umweltkatastrophen oder Klimaänderungen, aber vor allem durch **dichteabhängige Faktoren**, die also von der Größe der Population abhängen. Dies sind z. B.

- Nahrungsangebot,
- Krankheitserreger,
- sozialer Stress,
- Fressfeinde.

Hier stellen sich Regelkreise ein, das bedeutet gegenseitige Wechselwirkungen zwischen Populationsdichte und regelndem Faktor.
Dies wird in Schemata verdeutlicht, die zwei Faktoren, die sich gegenseitig beeinflussen, mit Pfeilen verbindet. Dabei bedeutet ein Pfeil mit einem Plus „je mehr vom Faktor 1, desto mehr von Faktor 2“ bzw. „je weniger vom Faktor 1, desto weniger von Faktor 2.
Ein Pfeil mit einem Minus drückt aus: „Je mehr vom Faktor 1, desto weniger vom Faktor 2“ bzw. umgekehrt.

REGELN VON LOTKA UND VOLTERRA Die Wechselwirkungen zwischen Räuber und Beute wurden durch die Mathematiker **Lotka** und **Volterra** durch drei Regeln beschrieben:
1. Die Individuenzahl der Räuber- und Beutepopulationen schwankt periodisch, dabei sind die Maxima phasenverschoben.
2. Die mittlere Individuenzahl bleibt aber trotz Schwankungen konstant.
3. Wird durch einen Außenfaktor die Individuenzahl von Räuber und Beute gleichermaßen verringert, erholt sich die Beutepopulation schneller als die Räuberpopulation.

Die dritte Regel begründet das schnelle Wiederauftreten von Schädlingen nach einem Gifteinsatz, der auch die Fressfeinde der Schädlinge getötet hat.

Räuber-Beute-Beziehung

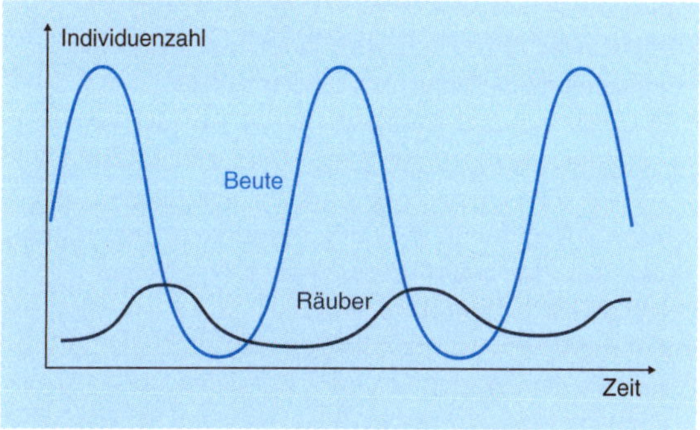

Ein besonderes Wachstum zeigt im Moment noch die **Weltbevölkerung**. Das Wachstum der Menschheit ist weder logistisch noch exponentiell, sondern **überexponentiell**. Das bedeutet, dass die Verdoppelungszeiten der Weltbevölkerung immer kürzer werden.

Zahlreiche Probleme der Menschheit hängen mit der hohen Bevölkerungsdichte zusammen: Nahrungsmangel, Umweltverschmutzung oder Kriege würden bei den Bevölkerungszahlen, die vor 2000 Jahren herrschten, nicht die Bedeutung von heute haben. Es wird große politische Anstrengungen kosten, das Wachstum der Weltbevölkerung aufzuhalten, so dass nicht die zunehmende Lebensfeindlichkeit der Erde natürliche, menschenfeindliche Grenzen setzt.

Ökosystem See

GLIEDERUNGSMÖGLICHKEITEN Seen können auf verschiedene Weisen gegliedert werden:

- In **Ufer- und Freiwasserbereiche**: Das Freiwasser heißt **Pelagial**, der Seeboden wird **Benthal** genannt. Er gliedert sich in das pflanzenbewachsene **Litoral** mit verschiedenen Pflanzengürteln und den pflanzenlosen Seeboden, das **Profundal**.
- In **Temperaturbereiche**: Im Sommer besteht der See aus der warmen Deckschicht, dem **Epilimnion**, aus der Sprungschicht, in der die Temperatur sehr schnell abnimmt (**Metalimnion**) und der kalten Tiefenschicht, dem **Hypolimnion**.
- In **energetisch unterschiedliche Zonen**: In der lichtreichen Zone findet durch Phytoplankton und Wasserpflanzen Produktion von energiereichen Stoffen statt. Diese Zone heißt **trophogene Zone (Nährschicht)**. Im dunklen Bereich des Sees werden energiereiche Stoffe durch Konsumenten und Destruenten abgebaut: Es handelt sich um die **tropholytische Zone (Zehrschicht)**. Der Bereich dazwischen wird **Kompensationsebene** genannt.

JAHRESZEITLICHE VERÄNDERUNG DES O_2-, CO_2- UND MINERALSTOFFGEHALTS DER VERSCHIEDENEN SEEBEREICHE
Die Temperaturverteilung und die Verteilung der Mineralstoffe ändert sich bedingt durch die physikalischen Eigenschaften des Wassers im Laufe der Jahreszeiten.

Der See im Jahresverlauf

Frühjahrszirkulation

In allen Bereichen herrscht eine Temperatur von 4 °C, also auch gleiche Dichte. Winde wälzen das Wasser um und sorgen so für eine gleichmäßige Verteilung von Mineralien, Sauerstoff und CO_2.

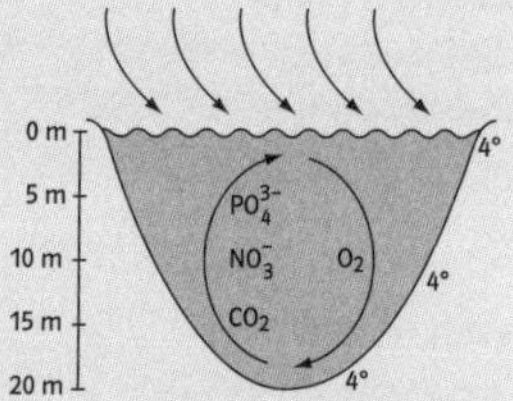

Sommerstagnation

Nur im warmen Oberflächenwasser findet eine Zirkulation statt. Hier gibt es wegen der Photosyntheseaktivität des Phytoplanktons viel Sauerstoff, aber wenig CO_2 und Mineralstoffe. Die Sprungschicht trennt das kalte Tiefenwasser ab. Hier gibt es durch die Destruententätigkeit viel CO_2 und viele Mineralien, aber wenig Sauerstoff.

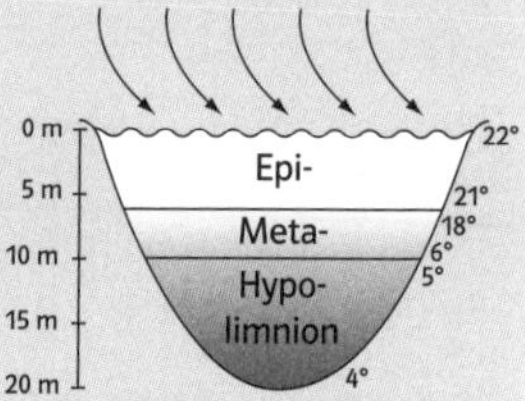

Herbstzirkulation

Das Wasser ist wieder überall 4 °C kalt, starke Herbststürme verteilen alle Stoffe gleichmäßig im Wasser.

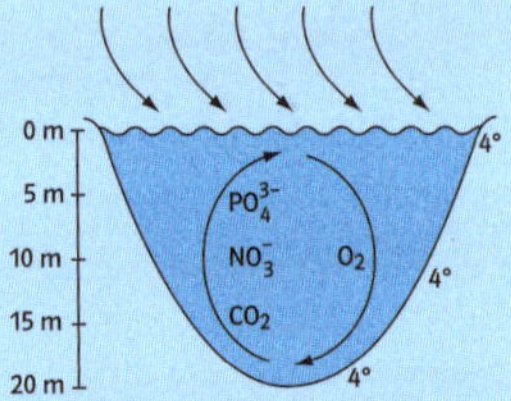

Winterstagnation

Eine Eisschicht bedeckt den See, nach unten nimmt die Temperatur bis 4 °C zu. Es findet keine Durchmischung statt, so dass sich in der Tiefe wieder CO_2 und Mineralstoffe ansammeln, während sich weiter oben Sauerstoff anreichert.

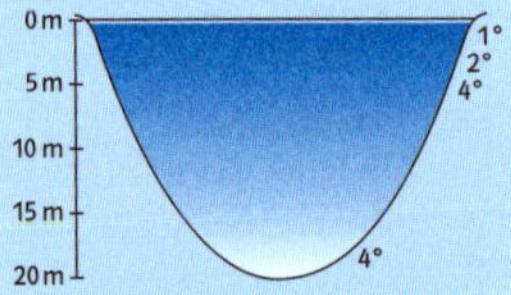

Entscheidend ist dabei, dass Wasser bei 4 °C die größte Dichte besitzt und als Eis auf dem Wasser schwimmt. Kaltes Wasser kann höhere Mengen an Gasen lösen, deshalb ist der Sauerstoffgehalt der trophogenen Zone im Winter höher als im Sommer, obwohl weniger Photosynthese stattfindet. Der Mineralstoffgehalt der trophogenen Zone nimmt im Frühsommer schnell ab, da die sich stark vermehrenden Pflanzen die Stoffe aufnehmen. Sterben sie ab, so fallen sie nach unten und werden durch Destruenten zersetzt, so dass dort die Mineralstoffe (Nitrat, Phosphat) wieder frei werden.

NAHRUNGSBEZIEHUNGEN Pflanzen betreiben Photosynthese und stellen energiereiche Stoffe her. Man nennt sie **Produzenten**. Tiere müssen die energiereichen Stoffe aufnehmen, daher nennt man sie **Konsumenten**. Hier unterscheidet man Konsumenten 1. Ordnung (Konsumenten I), die sich von Pflanzen ernähren, und Konsumenten 2. oder 3. Ordnung, die sich von den Konsumenten der vorigen Stufe ernähren. Man kann sie in einer **Nahrungspyramide** darstellen, die als Basis die Produzenten enthält.

Eine **Nahrungskette** beginnt ebenfalls mit einem Produzenten, es folgen die Konsumenten 1., 2. und 3. Ordnung. Man spricht hier von **Trophieebenen**. Beispiel: Phytoplankton, Zooplankton, Friedfisch, Raubfisch. Da die einzelnen Glieder der Nahrungskette Teile verschiedener Nahrungsketten sind, ergibt sich in jedem Ökosystem ein **Nahrungsnetz**. Die Destruenten sind auch Teil der Nahrungsbeziehungen. Sie zersetzen abgestorbene Lebewesen und schließen damit die Stoffkreisläufe.

STOFFKREISLÄUFE Durch die verschiedenen Nahrungsbeziehungen gehen einzelne Elemente von einer Trophieebene in die andere über. Da die Atome der Elemente nicht zerstört bzw. erschaffen werden können, sondern nur in neuen Verbindungen zusammen gelagert werden, spricht man von Stoffkreisläufen.

Kohlenstoffkreislauf

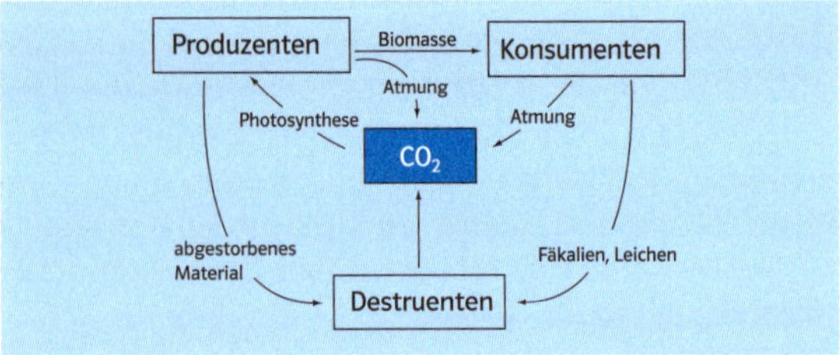

Das Element **Kohlenstoff** kommt als Kohlenstoffdioxid in der Luft vor. Die Produzenten fixieren es in der Photosynthese und erzeugen Biomasse, die viel Kohlenstoff enthält. Diese energiereiche Biomasse wird von den Konsumenten genutzt. Diese bauen daraus ebenfalls Biomasse auf. Abgestorbenes Material und Abfallstoffe dienen den Destruenten als Energielieferanten. Sie bauen die Biomasse wieder zu Kohlenstoffdioxid ab. Dies geschieht auch bei der Nutzung der Biomasse beim Stoffabbau (Atmung, Gärung) der Produzenten und Konsumenten.

Sauerstoffkreislauf

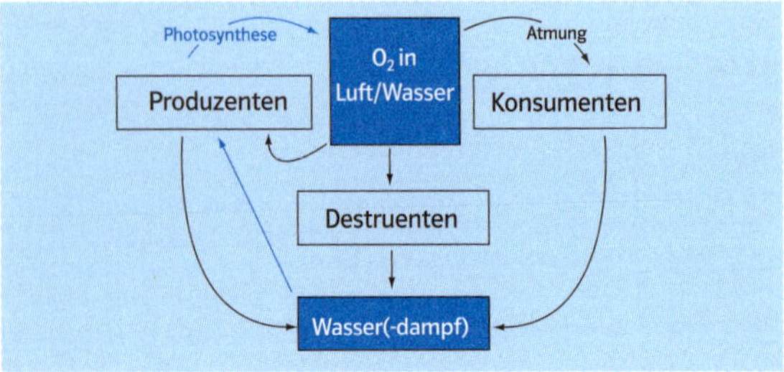

Das Element **Sauerstoff** kommt v.a. in der Luft vor. Der hohe Anteil von ca. 21 % wurde im Laufe der Erdgeschichte durch die Photosynthese erreicht, bei der Sauerstoff als Abfallprodukt entsteht. Dabei dient das Wasser als Sauerstoffquelle. Durch den aeroben Abbau von Biomasse wird Sauerstoff verbraucht und wiederum in Wasser umgewandelt, das ausgeschieden wird.

Stickstoffkreislauf

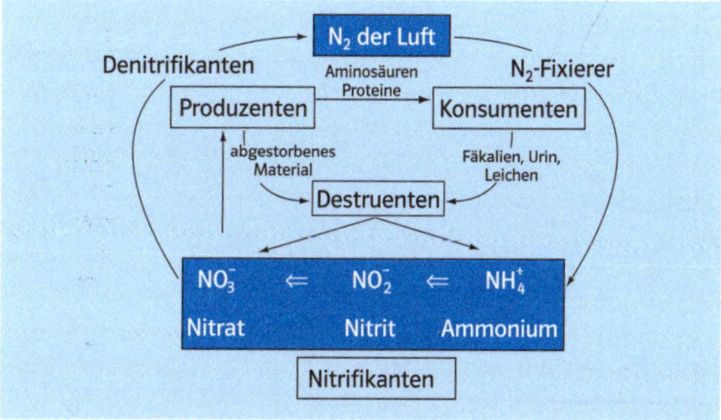

Stickstoff hat den größten Anteil an der Luft. Allerdings ist Stickstoff ein sehr reaktionsträges Gas, welches nur unter hohem Energieaufwand in Verbindungen eingebaut wird. N_2-Fixierer sind z. B. Knöllchenbakterien; sie leben in den Wurzelknöllchen der Schmetterlingsblütler und verwandeln den Luftstickstoff in Ammoniumionen. Stickstoffverbindungen sind die Voraussetzung für den Aufbau von Aminosäuren. Diesen Aufbau leisten die Pflanzen, die v. a. aus Nitrat Aminosäuren und Proteine aufbauen, die wiederum von den Konsumenten genutzt werden. Nitrifikanten und Denitrifikanten sind ebenfalls Bakterien, die aus Ammoniumionen Nitrationen herstellen oder Nitrationen wieder in Luftstickstoff umwandeln, so dass der Kreislauf geschlossen ist.

ENERGIEFLUSS Im Gegensatz zu den Stoffkreisläufen handelt es sich beim **Energiefluss** um eine Einbahnstraße, bei der nach thermodynamischen Grundsätzen Energie der Sonne letztlich in Wärme umgewandelt wird.

Die Energiequelle für alles Leben ist die **Sonne**; ihre Lichtenergie speist die **Photosynthese**, in der die Energie in organischen Stoffen gebunden wird. Diese Stoffe sind die Energiequelle für alle folgenden Trophieebenen sowie für die Destruenten. Nicht die ganze aufgenommene Energiemenge kann völlig für das Wachstum genutzt werden; ein großer Teil geht als Wärmeenergie und für Bewegung verloren. Andere Teile der Energie werden als Kot, Urin bzw. abgestorbenes Material ausgeschieden und dienen den Destruenten als Energiequelle.
Deshalb werden nur ca. **10 %** der durch eine Trophieebene aufgenommenen Energie an die nächste Ebene weitergegeben, z. B. von den Konsumenten 1. Ordnung an die Konsumenten 2. Ordnung.

Dies erklärt auch, warum in vielen Ökosystemen meist keine höhere Konsumentenordnungen als Konsumenten 3. Ordnung existieren: Die Nahrungsgrundlage auf Ebene der Produzenten muss hier bereits tausendmal (10^3) größer sein als die der Konsumenten 3. Ordnung, bei Konsumenten 4. Ordnung sogar zehntausendmal (10^4); das heißt, um 1 kg „Fleisch“ eines Konsumenten III zu erzeugen, müssen 1000 kg Pflanzenmaterial produziert werden und dann von Konsumenten I über Konsumenten II an die Konsumenten III weitergegeben werden.

Eingriffe des Menschen in Ökosysteme

GEWÄSSER Auch ohne Einfluss des Menschen gelangen durch Blätter, Einschwemmungen, Kot und Urin von Tieren etc. immer mehr Mineralstoffe in einen See. Vor allem das eingetragene **Phosphat** hat hier als **Minimumfaktor** die Folge, dass das Pflanzenwachstum steigt. Damit gelangt aber auch mehr abgestorbenes organisches Material zum Seegrund, das dort wieder mineralisiert wird. Für den Abbau benötigen die meisten Destruenten Sauerstoff. In sehr mineralstoffhaltigen, also **eutrophen** Seen ist der Boden des Sees im Sommer ohne Sauerstoff; dort finden dann anaerobe Abbauvorgänge statt und es entsteht Faulschlamm. In geologischen Zeiträumen verlanden solche Seen.

Gelangt nun durch anthropogenen Einfluss noch mehr Phosphat z. B. aus Abwässern in einen See, so **hypertrophiert** er: Dies kann vor allem im Sommer dazu führen, dass weite Bereiche des Sees ohne Sauerstoff sind und durch Fäulnis giftige Gase wie Ammoniak, Schwefelwasserstoff und Methan entstehen. Pflanzen und Tiere können hier nicht leben.

Vorbeugend wirken hier **dreistufige Kläranlagen**, die durch mechanische, biologische und chemische Reinigungsstufen die Abwässer von den meisten Mineralstoffen befreien.

LANDWIRTSCHAFT UND WALDBAU Landwirte und Waldbauern sind aus ökonomischen Gründen auf einen hohen Ertrag ihrer Felder angewiesen. Deshalb werden **Düngemittel** eingesetzt, die das Wachstum der Feldfrüchte fördern. Dabei kann organischer Dünger (Mist, Gülle) oder Mineraldünger verwendet werden. Problematisch kann zu starker Düngereinsatz sein, weil die überschüssigen Mineralien in Grundwasser, Flüsse und Seen gelangen und entweder zu Gesundheitsschäden des Menschen oder zur **Eutrophierung** der Gewässer beitragen.

Zum Zweiten werden **Pestizide** eingesetzt, die Pilzkrankheiten, Unkraut und Schäden durch Insekten verhindern sollen. Dies stellt Eingriffe in das natürliche Ökosystem dar. So können neben den „Schädlingen" auch immer „Nützlinge" mitgetroffen werden. Gemäß der 3. Lotka-Volterra-Regel kann dies sogar zu einer stärkeren Vermehrung der „Schädlinge" führen.

Neben den Pestiziden gibt es auch physikalische und **biologische Schädlingsbekämpfung**, z. B. durch Einsatz natürlicher Schädlingsfeinde bzw. Schädlingsparasiten, Pheromonfallen, Sterilisieren von Männchen oder Absammeln von Insekten. Auch gentechnische Veränderungen können Schädlingsbefall verhindern.
Im **integrierten Pflanzenschutz** versucht man, durch günstige Anbaumethoden, sinnvolle Sortenauswahl und biologische Schädlingsbekämpfung für ausreichend Ertrag zu sorgen, setzt aber im Notfall auch „Chemie" ein.

LUFTVERSCHMUTZUNG, TREIBHAUSEFFEKT Seit der Industrialisierung werden vermehrt verschiedene Gase in die Atmosphäre gebracht, die schädliche Wirkungen haben. Der Ausstoß der Gase wird **Emission** genannt.
Das Verbrennen der **fossilen Energieträger** Erdöl und Kohle erhöht die CO_2-Konzentration der Atmosphäre

und führt durch den **Treibhauseffekt** zur Erwärmung der Erde. Folgen können Klimawandel und Anstieg der Meeresspiegel sein. Hier hilft nur der **Verzicht auf fossile Energieträger**.

Beim Verbrennen von Kohle und Öl werden auch schwefelhaltige Verbindungen mitverbrannt, **Schwefeldioxid** (SO_2) wird ausgestoßen. Es verbindet sich mit Luftsauerstoff und Regenwasser zu Schwefelsäure. Der **saure Regen** zerstört Pflanzen, vor allem Wälder und schadet Bauwerken. **Entschwefelung der Abgase** führt hier zu guten Ergebnissen.
Bei den hohen Verbrennungstemperaturen **in Motoren** entstehen aus Luftstickstoff und Sauerstoff **Stickoxide** NO_x. Sie tragen ebenfalls zum sauren Regen bei und katalysieren die Bildung von **bodennahem Ozon**, das die Atemwege reizt. **Abgaskatalysatoren** führen zum Zerfall der Stickoxide.

Die **Treibgase FCKW**, die nur noch selten eingesetzt werden, können noch in 30 Jahren die **Ozonschicht** der Erde zerstören, die schädliche UV-Strahlen abhält. Außer dem Verzicht auf diese Mittel gibt es keine Abhilfe.

Treibhauseffekt – Klimaveränderung

Seit vielen Jahren schon beobachtet man den Anstieg der Kohlenstoffdioxidkonzentration in der Atmosphäre. Dies ist auf die Verbrennung fossiler Brennstoffe wie Kohle, Erdöl oder Erdgas zurückzuführen. Denn dadurch wird Kohlenstoffdioxid freigesetzt, das Organismen vor vielen Millionen Jahren durch Photosynthese fixiert haben bzw. damals fixiertes CO_2 durch Fressen der Pflanzen aufgenommen haben. Diese Pflanzen und Tiere wurden nach ihrem Tod nicht vollständig abgebaut, sondern zu Kohle, Erdöl und Erdgas umgewandelt. So wurde der CO_2-Gehalt der jungen Erdatmosphäre gesenkt.
Nun führt CO_2 mit anderen Gasen zusammen dazu, dass die Atmosphäre nicht alle Energie der Sonne wieder abstrahlt, sondern einen Teil davon zur Erwärmung der Atmosphäre reflektiert. Das ist für das Überleben auf der Erde notwendig. Ohne diesen Treibhauseffekt wäre es für ein Leben viel zu kalt auf der Erde.
Der Anstieg der CO_2-Konzentration führt aber auch zu einem stärkeren Treibhauseffekt, so dass insgesamt eine weitere Erderwärmung die Folge ist. Welche Konsequenzen dies haben wird, kann nur teilweise vermutet werden. Messbar und zu beobachten ist die Erwärmung der Weltmeere und das Abschmelzen der Polkappen sowie der Rückgang der Gletscher. Ökologische Folgen sind z. B. die Korallenbleiche, bei dem symbiotische Algen ihre Korallen verlassen und diese dadurch verhungern oder der immer kleiner werdende Lebensraum für Eisbären und andere Polbewohner. Der steigende Meeresspiegel verändert Küstenlinien und führt zu Überschwemmungen.
Das Abschmelzen der Polkappen verändert auch den Salzgehalt der Meere und könnte Meeresströmungen ver-

ändern. Genauso können veränderte Windverhältnisse Meeresströmungen umleiten. Für die Ökologie Mitteleuropas wäre z. B. das Zusammenbrechen des Golfstroms katastrophal, da durch ihn große Wärmemengen nach Europa transportiert werden.
Die höheren Durchschnittstemperaturen führen offensichtlich auch zur Veränderung von Lebensräumen von Lebewesen. So wird der Lebensraum für an kalte Alpenregionen angepasste Arten immer kleiner. Andererseits können Lebewesen weiter nach Norden vordringen, z. B. die Anophelesmücke, die Malaria überträgt.
Die Erderwärmung führt auch zur Zunahme von Wüstengebieten und schränkt dadurch auch den Lebensraum der Menschen ein.
Höhere CO_2-Konzentrationen der Luft wirken sich auch auf die CO_2-Konzentration im Wasser aus. Es bildet sich Kohlensäure, somit sinkt der pH-Wert der Meere, was einen weiteren wichtigen Ökofaktor verändert und Lebensgemeinschaften stört.
Eine höhere Temperatur der Atmosphäre wirkt sich auch auf die Wolkenbildung, die Niederschläge und somit das gesamte Klima aus. Hier sind Vorhersagen besonders schwierig. Man prognostiziert eine Zunahme von Stürmen.

Letzlich kann nur die Eindämmung weiterer CO_2-Emission die Erderwärmung aufhalten oder abbremsen. Energieeinsparung und die Nutzung von nachwachsenden Rohstoffen, die das freigesetzte CO_2 vorher fixiert haben, sind dabei wichtige Ziele. Es ist dabei aber fraglich, ob die politischen Anstrengungen die bereits in Gang gesetzten Entwicklungen der Klimaveränderung aufhalten können.

7 Neurobiologie, Hormone und Regulation

QUICK-FINDER

QUICK-FINDER

Nervensystem und Gehirn

DAS NEURON Eine Nervenzelle kann sehr unterschiedlich aussehen. Exemplarisch sei hier das **Motoneuron** dargestellt, das Nervenimpulse zu den Muskeln leitet.

Motoneuron

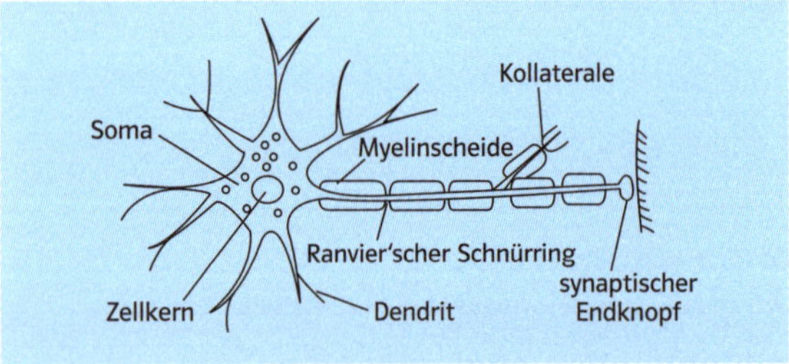

Es gibt den **Zellkörper (Soma)**, der den Zellkern enthält, außerdem viele Mitochondrien, Golgi-Apparat, ER und Ribosomen. Die Fortsätze heißen **Dendriten**. An ihnen und am Soma setzen die Ausläufer anderer Nervenzellen an.

Ein Fortsatz ist besonders lang: das **Axon**. Es entspringt am Axonhügel und endet im **synaptischen Endknopf**. Abzweigungen werden **Kollaterale** genannt. Das Axon kann von einer **Myelinscheide** umgeben sein, die durch Gliazellen gebildet wird. Die Einschnürungen heißen **Ranviersche Schnürringe**. Es gibt aber auch marklose Nerven, die nur eine sehr dünne Umhüllung besitzen.

Das Axon leitet einen elektrischen Impuls, der am Axonhügel entsteht, zum Endknopf weiter. An der Kontaktstelle des Endknopfs zur nächsten Nervenzelle, der **Synapse** (beim Motoneuron motorische Endplatte) erfolgt die chemische Weiterleitung.

GLIEDERUNG DES NERVENSYSTEMS

Gliederung in Bereiche

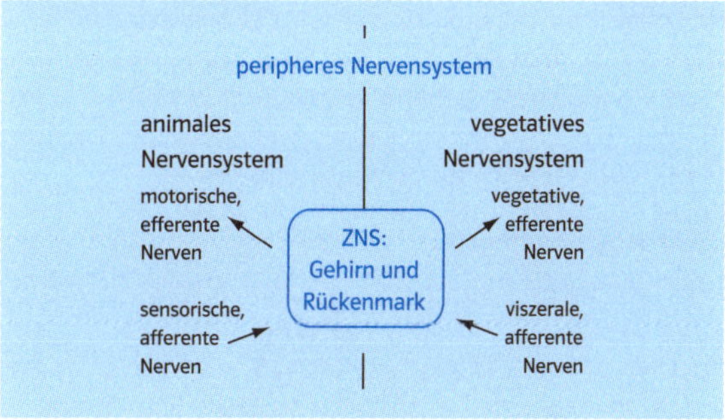

Man kann das Nervensystem in das **periphere Nervensystem** und das **zentrale Nervensystem (ZNS)** gliedern. Zum ZNS gehören Rückenmark und Gehirn, die anderen Nerven gehören zum peripheren Nervensystem. Dort unterscheidet man **efferente Nerven**, die vom ZNS wegführen und **afferente Nerven**, die zum ZNS hinführen. Außerdem lässt sich das Nervensystem in das **animale** (willkürliche) und das **vegetative** (unwillkürliche, autonome) Nervensystem gliedern.

RÜCKENMARK Das Rückenmark besteht aus einer im Querschnitt schmetterlingsförmigen, so genannten **grauen Substanz**, die vor allem die Zellkörper von efferenten Neuronen enthält. Sie ist umgeben von der

weißen Substanz, die von den Axonen der Neuronen gebildet wird. Nach jedem Wirbel treten Bündel von Nervenfasern aus dem Rückenmark aus bzw. ein. Die Zellkörper der afferenten Nervenzellen sind in den **Spinalganglien** lokalisiert.
Das Rückenmark ist das **Zentrum zahlreicher Reflexe**, wie z. B. des Kniesehnenreflexes. Außerdem ist es die Hauptverbindung aller Nerven vom bzw. zum Gehirn.
Deshalb ist man bei einer Durchtrennung des Rückenmarks **querschnittsgelähmt**, alle Teile des Körpers, die unterhalb der Verletzung liegen, können weder Impulse zum Gehirn senden noch welche empfangen.

Abbildung Rückenmark

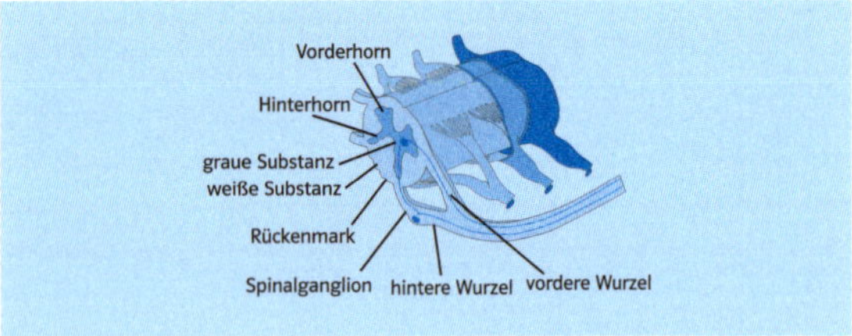

GEHIRN Das Gehirn aller Wirbeltiere besteht aus **fünf Abschnitten**, die unterschiedlich stark ausgeprägt sind: **Vorderhirn, Zwischenhirn, Mittelhirn, Kleinhirn und Nachhirn.** Beim Menschen ist das Vorderhirn besonders stark als **Großhirn** ausgeprägt. Das Großhirn besteht aus zwei Hälften (**Hemisphären**), die durch den **Balken** verbunden sind. Auf der Großhirnrinde befinden sich die Zellkörper der Neuronen. Sie ist in verschiedene **Felder** aufgeteilt: Es gibt motorische Felder, von denen Bewegungen ausgehen, sensorische Felder, an denen Wahrnehmungen stattfinden und assoziative Felder, die dem Denken, Fühlen, Erinnern etc. dienen. Die Felder der rechten Hemisphäre steuern die linke Körperhälfte und umgekehrt.

Im **Zwischenhirn** sitzt der Thalamus, der die Impulse von den Sinnesorganen an das Großhirn verwaltet, außerdem der Hypothalamus mit der Hormondrüse Hypophyse: Hier sitzt das Steuerzentrum des vegetativen Nervensystems und das Regelzentrum für viele Körperfunktionen. Das **Mittelhirn** ist ebenfalls eine Schaltstelle für Sinnesmeldungen. Das **Kleinhirn** ist für die Automatisierung von Bewegungen zuständig, die aber vom Großhirn aus „angeordnet" werden. Auch die Orientierung im Raum ist hier angesiedelt. Daher haben z. B. Vögel ein sehr großes Kleinhirn. Das **Nachhirn (oder verlängerte Mark)** ist ein wichtiges Reflexzentrum, z. B. für Atmung, Schlucken, Husten, Lidschluss etc. Verletzungen in diesem Bereich führen sofort zum Tod („Genickbruch").

Abbildung Gehirn

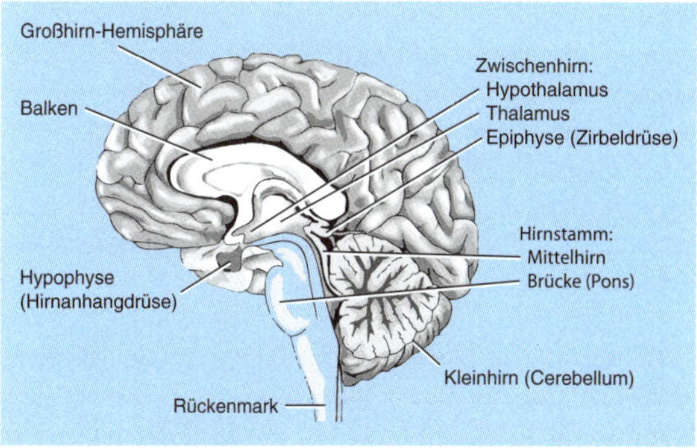

Ruhepotenzial

SELEKTIV PERMEABLE MEMBRAN Die Voraussetzung für das Zustandekommen eines Ruhepotenzials an einer Nervenzelle ist zum einen eine **selektiv permeable Membran**. Die Membran der Neuronen ist für K^+-Ionen gut durchlässig (durch Ionenkanäle), für Na^+- und Cl^--Ionen schlecht und für organische Anionen undurchlässig.

UNGLEICHE IONENVERTEILUNG (NA^+, CL^-, K^+, ORGANISCHE ANIONEN) Diese Ionen sind am Neuron **unterschiedlich verteilt**: Im Inneren des Neurons ist die K^+-Konzentration und die der organischen Anionen hoch, die der Na^+- und Cl^--Ionen niedrig. Extrazellulär sind viele Na^+- und Cl^--Ionen, wenig K^+-Ionen und keine organischen Anionen.

KALIUMIONENWANDERUNGERUNG: ZELLINNERES WIRD NEGATIV Die **K^+-Ionen** diffundieren nun entsprechend ihrem Konzentrationsgradienten aus dem Neuron, bis sie von dem immer positiver werdenden extrazellulären Medium davon abgehalten werden. Die anderen Ionen können den Konzentrationsgradienten nicht bzw. sehr schlecht ausgleichen. Deshalb bleiben im Neuron die negativ geladenen organischen Anionen zurück, während außerhalb mehr positive K^+-Ionen vorliegen: **Das Zellinnere ist also gegenüber dem Zelläußeren negativ geladen.** Diese Spannung nennt man **Ruhepotenzial**. Sie liegt bei ca. −70 mV.

ATP-GETRIEBENE IONENPUMPE GLEICHT NA^+-EINSTROM AUS Da das Zellinnere negativ ist, werden auch Na^+-Ionen vermehrt ins Zellinnere einströmen. Eine ATP-getriebene Ionenpumpe bringt Na^{+}-Ionen im Austausch gegen K^{+}-Ionen aus dem Neuron.

Aktionspotenzial

NERVENIMPULS DURCH UMPOLUNG Das Aktionspotenzial entspricht einem „Nervenimpuls“. Es ist eine **kurzzeitige Umpolung** der Membran. Diese Umpolung entsteht normalerweise am Axonhügel und kann sich über das Axon hin fortsetzen.

In der Nervenzellenmembran liegen neben den K^{+}-Ionenkanälen auch spannungsabhängige Ionenkanäle für Na^{+} und K^{+}. Sie öffnen und schließen sich je nach Spannungszustand der Membran.

DEPOLARISATION BIS ZUM SCHWELLENWERT Wird die Nervenzelle depolarisiert, also innen weniger negativ, und erreicht diese **Depolarisation** einen **Schwellenwert** (ca. 15 bis 20 mV positiver als das Ruhepotenzial), so öffnen sich spannungsabhängige **Na^{+}-Kanäle**.

ÖFFNEN DER NA^{+}-KANÄLE: NA^{+}-EINSTROM U. UMPOLUNG Da im Inneren des Neurons die Na^{+}-Konzentration niedrig ist, strömen sofort Na^{+}-Ionen ein und schwächen das Ruhepotenzial weiter ab; dadurch öffnen sich immer mehr Na^{+}-Kanäle, immer mehr Na^{+}-Ionen strömen ein und sorgen schließlich dafür, dass die Nervenzelle in diesem Bereich innen positiv wird (**Umpolung**).

ÖFFNEN DER K^{+}-KANÄLE: K^{+}-AUSSTROM U. REPOLARISATION Wenn diese Umpolung stattfindet, öffnen sich spannungsabhängige **K^+-Kanäle**. Dies führt nun zu einem starken Ausstrom von K^+-Ionen, die vom positiven Zellinneren abgestoßen werden und auch zum Ausgleich des Konzentrationsunterschiedes nach außen strömen. So wird das Neuron innen wieder negativer (**Repolarisation**). Der K^+-Ausstrom ist so stark, dass die Zelle sogar stärker negativ wird als beim Ruhepotenzial (**Hyperpolarisation**).

IONENPUMPEN STELLEN AUSGANGSZUSTAND HER Dann sind alle spannungsabhängigen Kanäle wieder geschlossen und ATP-getriebene **Ionenpumpen** stellen den ursprünglichen Zustand her. Kurz nach einem Aktionspotenzial kann kein weiteres ausgelöst werden, da die Ionenkanäle für kurze Zeit inaktiv sind (**Refraktärzeit**).

ALLES-ODER-NICHTS-REAKTION Ein Aktionspotenzial läuft immer gleich ab. Wenn es einmal ausgelöst ist, findet es in voller Höhe statt. Liegt die anfängliche Depolarisation unter dem Schwellenwert, so stellt sich bald wieder das Ruhepotenzial ein. Deshalb spricht man vom **Alles-oder-nichts-Prinzip** des Aktionspotenzials.
Die Stärke eines Reizes kann somit nicht durch die Höhe des immer gleichen Aktionspotenzials codiert werden. Je *stärker* ein Reiz ist, desto *mehr* Aktionspotenziale finden pro Zeit statt, die **Frequenz** der Aktionspotenziale codiert die Reizstärke.

Verlauf eines Aktionspotenzials

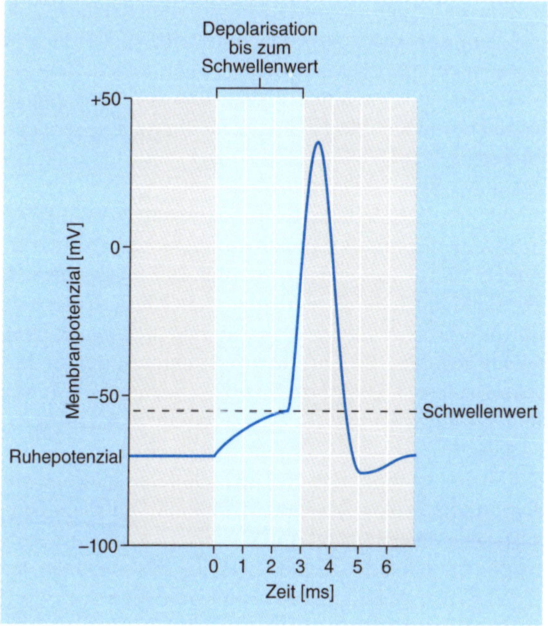

FORTLEITUNG KONTINUIERLICH ODER SALTATORISCH

Wenn an einem Membranbereich ein Aktionspotenzial stattfindet und die Membran umgepolt ist, hat dies Auswirkungen auf die benachbarten Membranbereiche: Die Ionen strömen zum **Ladungsausgleich** zu der umgepolten Stelle bzw. von ihr weg. Dies führt bei den benachbarten Membranbereichen zu einer **Depolarisation**, die dort zu einem Aktionspotenzial führt.

An einem Axon ohne Myelinscheide findet deshalb entlang des gesamten Axons ein Aktionspotenzial nach dem anderen statt (**kontinuierliche Fortleitung**). Die bereits erregten Membranbereiche sind aber wegen der **Refraktärzeit** kurze Zeit unerregbar, so dass das Aktionspotenzial nur in Richtung der noch nicht erregten Bereiche fortgeleitet wird.

An Axonen mit Myelinscheide, die nur bei Wirbeltieren vorkommen, kann **nur an den Ranvierschen Schnürringen** ein Aktionspotenzial entstehen. Der Ionenstrom zu der Membranstelle, an der gerade ein Aktionspotenzial stattfindet, führt also an den isolierten Stellen nicht zur Auslösung eines Aktionspotenzials, sondern nur an den Schnürringen. Das Aktionspotenzial „springt" somit von Schnürring zu Schnürring (**saltatorische Fortleitung**).

Der Vorteil ist hier, dass dies viel schneller geht und zudem Energie spart. Bei den Wirbellosen kann die Fortleitungsgeschwindigkeit durch große Axondurchmesser erhöht werden, beispielsweise bei den Riesenaxonen der Tintenfische, an denen viele neurophysiologische Experimente durchgeführt wurden.

Die Fortleitungsgeschwindigkeit beträgt 1 m/s bis zu 120 m/s.

Synapse

BAU DER SYNAPSE Synapsen sind die **Kontaktstellen** zwischen synaptischem Endknopf einer Nervenzelle mit dem Dendriten oder Zellkörper einer anderen Nervenzelle oder mit einem Muskel. Im letzten Fall ist die Synapse sehr groß und heißt auch **motorische Endplatte**.

Motorische Endplatte

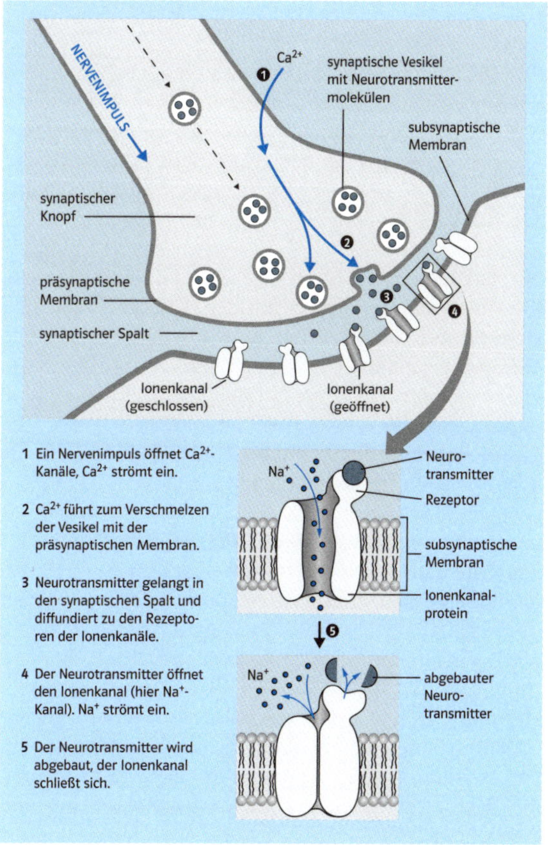

1 Ein Nervenimpuls öffnet Ca^{2+}-Kanäle, Ca^{2+} strömt ein.

2 Ca^{2+} führt zum Verschmelzen der Vesikel mit der präsynaptischen Membran.

3 Neurotransmitter gelangt in den synaptischen Spalt und diffundiert zu den Rezeptoren der Ionenkanäle.

4 Der Neurotransmitter öffnet den Ionenkanal (hier Na^+-Kanal). Na^+ strömt ein.

5 Der Neurotransmitter wird abgebaut, der Ionenkanal schließt sich.

VORGÄNGE AN DER SYNAPSE NACH EINEM AKTIONSPOTENZIAL Gelangt ein Aktionspotenzial über das Axon zum synaptischen Endknopf, dann werden dort spannungsabhängige Ca^{2+}-Kanäle geöffnet, **Ca^{2+} strömt ein.**

Dies führt zum Verschmelzen der synaptischen Vesikel mit der präsynaptischen Membran. Der in den Vesikeln gespeicherte **Neurotransmitter** (z. B. Acetylcholin, Noradrenalin ...) gelangt in den synaptischen Spalt und **diffundiert** zu den Rezeptoren an transmitterabhängigen **Natriumkanälen** der subsynaptischen Membran.

Die Natriumkanäle öffnen sich hier und **Na^+ strömt ein**. Dies führt zur **Depolarisation** des Neurons. Wenn sich diese Depolarisation durch viele aufeinander folgende Aktionspotenziale bis zum Axonhügel ausbreiten kann, so entsteht dort ein neues Aktionspotenzial.

Am Muskel führt das „exzitatorische postsynaptische Potenzial" (EPSP) zur Kontraktion des Muskels.

Im synaptischen Spalt befindet sich auch ein Enzym, das den **Transmitter spaltet** (z. B. Cholinesterase). Die Spaltprodukte werden wieder in den Endknopf aufgenommen und erneut zum Transmitter synthetisiert. Die Wirkung der Transmitter wird so durch das Enzym beendet.

NERVENGIFTE Auf die verschiedenen Funktionen der Synapse können Nervengifte einwirken und die Funktion verändern (siehe Tabelle). Lähmungen führen durch die Beeinträchtigung der Atemmuskulatur zum Tod durch Ersticken!

Nervengifte und ihre Wirkung

Funktion, die verändert wird	Folge	Beispielgift
Transmitterausschüttung wird verhindert.	Da keine Aktionspotenziale weitergeleitet werden, führt das Gift zur Lähmung.	Botulinus-Toxin, produziert vom Bakterium *Clostridium botulinum*
Alle synaptischen Vesikel öffnen sich.	Die Transmitter führen zur Kontraktion der Muskeln: starre Lähmung.	Gift der schwarzen Witwe
Rezeptor an den Na^+-Kanälen wird besetzt, Kanäle bleiben geschlossen.	Transmitter führt nicht zum Öffnen der Kanäle: Lähmung.	Curare (indianisches Pfeilgift); Bindung ist reversibel, kann bei Operationen eingesetzt werden.
Rezeptor an den Na^+-Kanälen wird besetzt, Kanäle öffnen sich.	Dauererregung, Muskelzittern	Nikotin, Fliegenpilzgift (Muscarin)
Hemmung der Cholinesterase	Transmitter wird nicht abgebaut: Dauererregung, starre Lähmung.	E 605 (Insektizid); Tabun, Sarin (Kampfgase)

Muskelkontraktion

QUER GESTREIFTER MUSKEL Die quer gestreifte Skelettmuskulatur besteht aus Muskelfaserbündeln, die aus einzelnen Muskelfasern bestehen. Diese entsprechen einer Zelle, die allerdings durch Verschmelzen mehrerer Zellen entstanden ist.

In der Muskelzelle sind die Proteine **Aktin** und **Myosin** in kurzen Einheiten, den **Sarkomeren**, so angeordnet, dass sie durch Wechselwirkungen die Verkürzung des Muskels bewirken können.

Aufbau eines Sarkomers

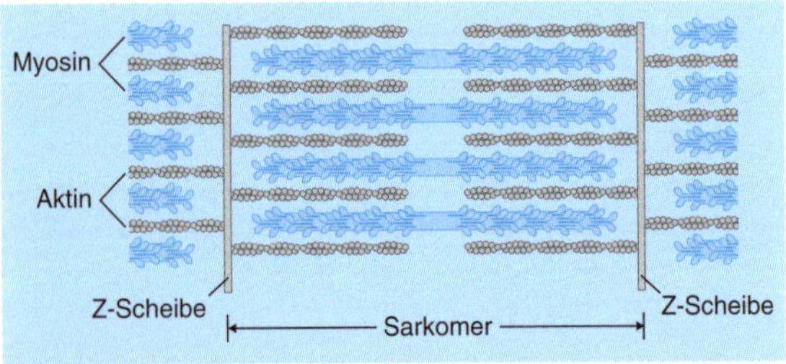

Die Myosinfilamente besitzen am Ende ein bewegliches **Köpfchen**, das an den Aktinfilamenten ansetzen kann.

MUSKELKONTRAKTION Gelangt ein Aktionspotenzial an die motorische Endplatte, so führt dies am Muskel zum Einstrom von Calciumionen. Diese bewirken, dass die **Bindestellen** an den **Aktinfilamenten** freigelegt werden. Die **Myosinköpfchen binden daran** und knicken unter Freisetzung von ADP und Phosphat **um**. Dadurch werden mit den Aktinfilamenten die Z-Scheiben näher zueinander gezogen, der Muskel verkürzt sich. Unter **Anlagerung von ATP** lösen sich die Köpfchen wieder; durch Spaltung des ATP gehen sie in die Ausgangsstellung zurück und können erneut ans Aktin binden. Durch mehrfache „Ruderbewegungen“ der Myosinköpfchen wird der Muskel immer kürzer.

Rezeptoren

AUFGABEN UND TYPEN DER REZEPTOREN Rezeptoren oder Sinneszellen haben die Aufgabe, die Reize der Umwelt in elektrische Signale zu verwandeln, die über die Nerven zum Gehirn geleitet werden. In unseren Sinnesorganen sind viele Rezeptoren angesiedelt. Das Sinnesorgan hat die Aufgabe, die Reize aufzunehmen und zu bündeln. Beim Hören fängt das Außenohr den Schall auf, das Trommelfell überträgt mit Hilfe der Gehörknochen die Schwingungen auf das Innenohr, wo die Härchen von den Hörsinneszellen abgelenkt werden und dadurch elektrische Signale produzieren.

Im Auge sorgen die Iris und die Linse für ein scharfes, helles Bild auf der Netzhaut. Die **Photorezeptoren** in der Netzhaut (Stäbchen und Zapfen) verwandeln die Lichtreize in elektrische Signale. Aber erst im Gehirn entsteht die Wahrnehmung.

Chemische Rezeptoren werden durch Kontakt mit bestimmten Stoffen zu elektrischen Signalen angeregt, z. B. in der Nase oder an der Zunge, aber auch im Blutkreislauf zur Prüfung bestimmter Stoffkonzentrationen. **Mechanische Rezeptoren** in der Haut können durch

Druck zu Signalen angeregt werden. Im Innenohr können sie neben den Schallwellen auch Drehbewegungen oder die Lage im Raum aufnehmen.

BEISPIEL: PHOTOREZEPTOREN BEI WIRBELTIEREN In der Netzhaut liegen die Lichtsinneszellen in Form von Stäbchen und Zapfen vor. Sie bestehen aus einem Außensegment mit zahlreichen Membranlamellen, die das Sehpigment **Rhodopsin** enthalten und einem Innensegment mit Zellkern, Zellorganellen und einer synaptischen Endigung. Im Gegensatz zu den meisten anderen Rezeptoren ist bei den Lichtsinneszellen die Durchlässigkeit für Na^+-Ionen ohne Reiz (also Licht) hoch, so dass ständig Transmitter ausgeschüttet werden. Dieser Transmitter hyperpolarisiert aber die nachfolgende Nervenzelle. Durch Einfall von Licht ändert das Rhodopsin seine Struktur und blockiert die Natriumkanäle. Es findet nur der Kaliumionenausstrom statt, die Sinneszelle hyperpolarisiert und stellt die Transmitterausschüttung ein. Diese Reduktion ist das eigentliche Signal für die Erregung der nachgeschalteten Zellen.

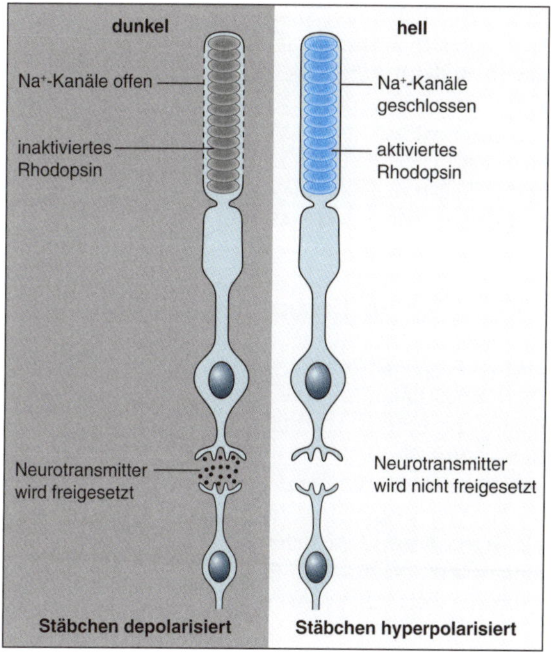

Die **Stäbchen** in der Netzhaut sind für das Schwarz-Weiß-Sehen zuständig. Sie sind lichtempfindlicher als die Zapfen. In der Dämmerung kann man deshalb keine Farben erkennen. Dazu benötigt man die **Zapfen**, von denen es drei Typen gibt, die auf Licht verschiedener Wellenlängen unterschiedlich stark ansprechen: Es gibt blau-, grün- und gelbrotempfindliche Zapfen. Die Farbwahrnehmung kommt durch die Anteile der Nervensignale der drei Zapfenklassen zustande. Bei weißem Licht

ist der Anteil aller drei Typen gleich hoch, bei farbigem Licht unterscheiden sich die Signale in der Stärke.
Bereits in der Netzhaut werden die Signale der Sinneszellen verarbeitet durch nachgeschaltete Zellen. So werden z. B. Kontraste verschärft. Die Wahrnehmung findet aber erst im Gehirn statt. Es kombiniert die Bilder der beiden Augen zu einem dreidimensionalen Bild, ergänzt Bildbereiche oder erkennt Muster.

Codierung der Reizstärke und neuronale Summation

FREQUENZ DER AKTIONSPOTENZIALE CODIERT REIZSTÄRKE
Das Aktionspotenzial eines Neurons folgt dem Alles-oder-Nichts-Prinzip. Die Stärke eines Reizes kann also nicht durch die Höhe eines Aktionspotenzials weitergegeben werden. Die Codierung der Reizstärke erfolgt über die Frequenz der aufeinander folgenden Aktionspotenziale. Starke Reize lösen mehr Aktionspotenziale pro Zeiteinheit aus als schwache. Eine hohe AP-Frequenz setzt dadurch an der Synapse mehr Transmitter frei, die somit die nachfolgende Zelle stärker beeinflussen.

EXZITATORISCHE UND INHIBITORISCHE POSTSYNAPTISCHE POTENZIALE Es gibt dabei zwei Synapsenarten: Die eine Sorte enthält Transmitter, die durch Öffnung der Natriumkanäle die nachfolgende Zelle depolarisieren und dadurch erregen. Man nennt sie **erregende Synapsen**. Das Potenzial an der Membran der nachfolgenden Zelle wird **exzitatorisches postsynaptisches Potenzial** genannt (EPSP). Andere Synapsen bewirken durch Öffnung von Kalium- oder Chloridionen-Kanälen eine Hyperpolarisation der nachgeschalteten Zelle, also eine Hemmung (**in-**

hibitorisches postsynaptisches Potenzial, IPSP, einer **hemmenden Synapse**). Bei beiden postsynaptischen Potenzialen ist die Konzentration der Transmitter für die Höhe der De- bzw. Hyperpolarisation verantwortlich. Es kommt nun auf die räumliche und zeitliche Art und Anzahl der postsynaptischen Potenziale an, ob ein Signal weitergeleitet wird oder nicht. Summieren sich EPSPs und IPSPs zu einer Depolarisation des Neurons auf, die den Axonhügel erreicht, so wird ein neues Aktionspotenzial ausgelöst. Je nach Stärke der Depolarisation können auch wieder mehrere Aktionspotenziale ausgelöst werden. Überwiegt die Hyperpolarisation, so unterbleibt dies.

Steuerung und Regelung

DEFINITIONEN Viele Vorgänge im Körper laufen nicht einfach so ohne Kontrolle ab, sondern werden gesteuert oder geregelt. Bei der Steuerung wird von einer übergeordneten Stelle bestimmt, was geschehen soll. Ein Gen steuert z. B. den Aufbau eines Enzyms oder das Licht steuert das Wachstum von Pflanzen.
Bei der Regelung gibt es eine **Rückkopplung**: Der Wert der zu regelnde Größe wird an die übergeordnete Stelle zurückgemeldet, die darauf reagiert.

Aus der Regeltechnik werden hier verschiedene Begriffe auch in der Biologie verwendet:

Führungsglied: Es bestimmt den Wert der zu regelnden Größe (Regelgröße). Dies sind bei Tieren häufig Bereiche im zentralen Nervensystem.
Sollwert: Der Wert, der eingestellt werden soll.

Istwert: Der momentane Wert der zu regelnden Größe, wird durch Messglieder bestimmt; Messglieder in biologischen Systemen sind verschiedenste Rezeptoren für chemische oder physikalische Größen.
Regelglied: Vergleicht den Ist- mit dem Sollwert und gibt ein Signal (Stellwert) an das Stellglied ab. Auch die Regelglieder sind häufig im zentralen Nervensystem zu finden.
Stellglied: Kann die zu regelnde Größe durch die Stellgröße verändern z. B. durch Abgabe eines Stoffes.
Störgröße: Einfluss, der die Regelgröße von außen verändert.
Regelstrecke: Ort, an dem die Regulation stattfindet.

PRINZIP DER RÜCKKOPPLUNG Sehr oft findet das Prinzip der negativen Rückkopplung Anwendung: Ein Anstieg der Regelgröße führt dazu, dass das Stellglied weniger arbeitet und weniger Stellgröße abgibt. Im Gegensatz dazu wird beim Sinken der Regelgröße mehr Stellgröße abgegeben.

Dieses Prinzip findet sich den verschiedensten Organisationsebenen der Natur:
Auf der **Ebene der Gene** gibt es die Genregulation nach dem Jacob/Monod-Modell. Ist viel von einem abzubauenden Stoff da, werden Gene aktiviert, deren Genprodukte (Enzyme) den Stoff abbauen. Oder es ist zu wenig von einem benötigten Stoff da und es werden Gene aktiviert, deren Produkte beim Aufbau des Stoffes helfen.
Auf Zellebene können Enzyme durch Hemmung geregelt werden. Es kann z. B. das Produkt, das bei einer Umsetzung durch ein Enzym entsteht, das Enzym durch allosterische Hemmung daran hindern, dass weiteres Produkt entsteht.

Auf der **Ebene der Organismen** gibt es zahlreiche Regulationsvorgänge zur Aufrechterhaltung bestimmter Gleichgewichte. So wird die Menge des ins Auge fallenden Lichts durch die Pupillenöffnung geregelt, der Zuckergehalt im Blut durch die Hormone Insulin und Glukagon, die Körpertemperatur durch Muskelzittern oder Schwitzen und der Grundumsatz durch die Schilddrüsenhormone.
Auf der **Ebene der Lebensgemeinschaften** regeln sich z. B. Populationen von Räuber und Beute durch Rückkopplung.
Hier findet sich auch das Prinzip der positiven Rückkopplung, bei der das Ansteigen des einen Faktors (hier: Beute) zum Ansteigen des anderen Faktors (Räuber) führt.

REGELUNG DURCH HORMONE Die Nachrichten, die bei der Regelung auf der Ebene der Organismen nötig sind, können zum einen **Nervensignale** sein. Vor allem die Messung des Istwertes wird durch Rezeptoren vorgenommen, die Nervensignale zum Regelglied leiten. Dieses kann ebenfalls Nervensignale zu den Stellgliedern senden. Als Beispiel sei hier die reflektorische Regelung der Pupillenöffnung genannt.

Eine andere Möglichkeit der Signalübertragung ist die durch **Hormone**. Hormone werden in Hormondrüsen oder sekretorischen Zellen (endokrine Zellen, also nach innen absondernde Zellen) gebildet und über das Blut zu den Zielzellen transportiert. Sie wirken in sehr geringen Mengen und können an den verschiedensten Stellen Wirkungen hervorrufen.
Rückkopplungseffekte spielen dabei ebenfalls eine große Rolle. Bei manchen Hormonen reicht die Wirkung

aus, die weitere Hormonproduktion zu drosseln. Andere Rückkopplungsschleifen haben eine oder mehrere weitere Hormondrüsen zwischengeschaltet. So kann der **Hypothalamus** im Gehirn durch Nervensignale die **Hypophyse** anregen, sogenannte **Releasinghormone** freizusetzen, die ihrerseits Hormondrüsen wie die Schilddrüse oder die Eierstöcke anregen, ihre Hormone abzusondern. Das Hormon selbst oder eine Wirkung des Hormons bremsen dann den Hypothalamus oder die Hypophyse.

Chemisch und nach ihrer Wirkung unterscheidet man Peptidhormone und Steroidhormone. Die **Peptidhormone** können nicht durch die Zellmembranen dringen. Sie lagern sich an Rezeptoren an der Zellmembran an und lösen dadurch im Inneren der Zelle z. B. die Bildung von cAMP (cyclischem Adenosinmonosphosphat) aus. Dieser „sekundäre Botenstoff" kann wiederum Enzyme oder Gene aktivieren und dadurch die Wirkung hervorrufen.
Steroidhormone sind membrangängig und rufen in der Zelle an einen Rezeptor gebunden ihre Wirkung hervor, z. B. durch Aktivierung bestimmter Gene im Zellkern.

BEISPIEL: REGULATION DES BLUTZUCKERSPIEGELS Die Konzentration des Traubenzuckers soll im Blut möglichst konstant um die 0,9 mg/ml betragen. Dies ist die Regelgröße und ihr Sollwert. Gestört wird dieser Wert zum einen durch Nahrungsaufnahme, durch die Zucker über den Dünndarm ins Blut gelangt, zum anderen durch körperliche Aktivität, bei der Glucose verbraucht wird.
Stellen Messfühler für die Blutzuckerkonzentration einen Anstieg fest, so regen sie die Betazellen in der Bauch-

speicheldrüse an, **Insulin** freizusetzen. Insulin ist ein Peptidhormon und fördert die Aufnahme der Glucose in die Zellen. In Muskelzellen wird die Glucose veratmet oder zu Glykogen zusammengesetzt. In der Leber überwiegt die Glykogenproduktion. Außerdem werden auch Fette aufgebaut.
Sinkt die Glucosekonzentration im Blut daraufhin wieder, so nimmt auch die Insulinproduktion wieder ab.
Als **Gegenspieler (Antagonist)** wirkt **Glukagon**, das bei zu geringem Blutzuckerspiegel von den Alphazellen der Bauchspeicheldrüse gebildet wird. Glukagon fördert den Abbau von Glykogen zu Traubenzucker v.a. in der Leber und dessen Freisetzung ins Blut.

Bei der Krankheit **Diabetes mellitus** wird von den Betazellen zu wenig oder gar kein Insulin mehr produziert. Als Folge steigt zum einen der Blutzuckerspiegel, so dass Glucose auch mit dem Urin ausgeschieden wird, zum anderen gelangt zu wenig Glucose in die Zellen. Der Körper greift auf Aminosäuren zurück und baut Proteine ab. Der hohe Zuckerspiegel schädigt Blutgefäße. Ohne Behandlung ist die Krankheit lebensbedrohlich. Durch geregelte Gabe von Insulin kann der Mangel jedoch behoben werden. Spritzt sich der Patient jedoch versehentlich zu viel Insulin, so fällt der Zuckerspiegel so stark, dass die Nervenzellen zu wenig Glucose aufnehmen können. Der Patient wird ohnmächtig. Schnelle Gabe von Traubenzucker oder eine Notfall-Glukagonspritze können hier helfen.

8 Verhaltensbiologie

QUICK-FINDER

Erbbedingte Verhaltensanteile

REFLEX Reflexe sind **unbewusste**, fest programmierte Antworten auf einen bestimmten Reiz, deren Richtung von den anatomischen Gegebenheiten abhängen. Klassisches Beispiel ist der **Kniesehnenreflex** (Patellarsehnenreflex).

Ein Schlag auf die Kniesehne unterhalb der Kniescheibe führt reflektorisch zur Kontraktion des Oberschenkelmuskels und damit zum Heben des Unterschenkels. Der Schlag auf die Kniesehne **streckt** ruckartig den Oberschenkelmuskel (**Reiz**); dies wird von einer **Muskelspindel (Rezeptor)** wahrgenommen, die dies auf **afferenter Nervenbahn an das Rückenmark (Reflexzentrum)** leitet. Dort wird über eine einzige Synapse (**monosynaptisch**) das **Motoneuron (Efferenz)** zum Oberschenkel aktiviert. Auf dieser efferenten Nervenbahn gelangt das Signal zum **Quadrizeps (Effektor)** und dieser kontrahiert sich (Reaktion). Diese Abfolge nennt man auch **Reflexbogen**.

8

Reflexbogen

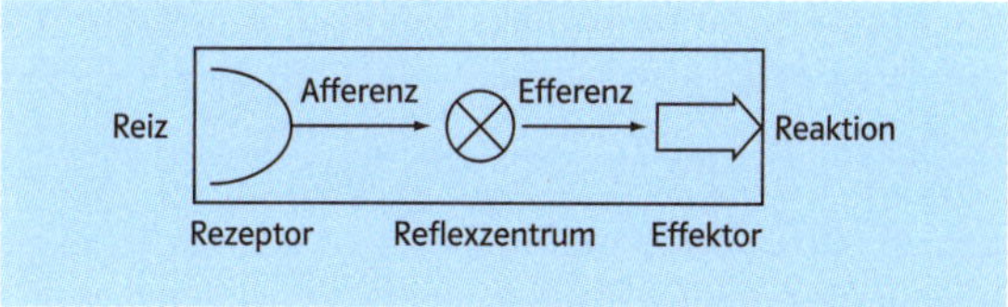

Man unterscheidet den hier vorliegenden **monosynaptischen** Reflex von **polysynaptischen** Reflexen und den **Eigen**- vom **Fremdreflex**. Viele Reflexe sind **Schutzreflexe** (Husten, Niesen, Lidschluss ...). Daneben gibt es z. B. Saug-,

Schluck- oder Greifreflex. Durch Testen der Reflexe kann ein Arzt prüfen, ob die Nerventätigkeit eines Menschen in Ordnung ist.

INSTINKTHANDLUNG Instinkthandlungen sind komplexer als Reflexe. Zunächst bedarf es der **Motivation oder Handlungsbereitschaft** eines Tieres, die durch endogene (Hunger, Hormonhaushalt ...) oder exogene Faktoren (Tageszeit, Jahreszeit ...) beeinflusst wird. Meist zeigt ein Tier mit Handlungsbereitschaft die **ungerichtete Appetenz**, bei der die Wahrscheinlichkeit erhöht wird, auf ein Objekt zu treffen, das die Schlüsselreize für die folgenden Handlungen bietet.

Schlüsselreize sind bestimmte **Reizkomponenten** eines Objekts, die auslösenden Charakter haben. Man nimmt einen **angeborenen Auslösemechanismus (AAM)** an, der durch die Aufnahme des Schlüsselreizes zur Reaktion führt. Welche Reizkomponenten das sind, kann man mit **Attrappenversuchen** ermitteln.

Trifft das Tier auf ein geeignetes Objekt, so führt ein Schlüsselreiz zur **gerichteten Appetenz oder Taxis**: Das Tier richtet sich zum Objekt hin aus, fliegt z. B. darauf zu oder wendet sich ihm zu. Dann führt ein weiterer Schlüsselreiz (der auch derselbe sein kann) zur **erbkoordinierten Endhandlung**. Dies ist ein starrer, angeborener Bewegungsablauf. Ist er einmal in Gang gekommen, wird er nicht mehr abgebrochen, auch wenn das Objekt inzwischen verschwunden ist.

Motivation und auslösender Schlüsselreiz wirken zusammen im **Prinzip der doppelten Quantifizierung**: Ist die Motivation hoch, so kann der Schlüsselreiz schwach sein und umgekehrt.

Eine erfolgreiche Endhandlung senkt meist die Motivation.

Instinkthandlung

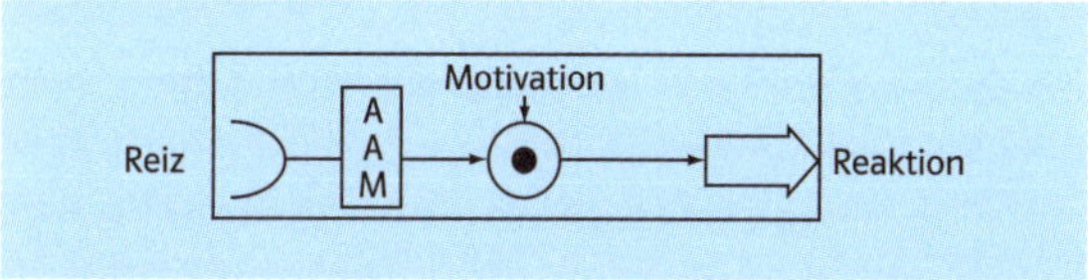

Beispiel: Ein hungriger (motivierter) Blutegel schwimmt in einem Aquarium umher (ungerichtete Appetenz). Hält ein Beobachter seine Hand oder einen mit Schweiß (Schlüsselreiz) präparierten Glasstab ins Becken, so schwimmt der Blutegel darauf zu (Taxis). An der Hand (Schlüsselreiz, nicht genau bestimmt, z. B. Hautoberfläche) heftet sich der Egel mit seinem Mundsaugnapf fest, sägt mit seinem Kiefer Schnitte in die Haut und beginnt Blut zu saugen. Nach 10 bis 15 ml Blut lässt er ab (erbkoordinierte Endhandlung).

Erfahrungsbedingte Verhaltensanteile

FAKULTATIVES UND OBLIGATORISCHES LERNEN Erfahrungsbedingte Verhaltensanteile werden durch **Lernen** erworben. Dabei kann man **obligatorisches** Lernen und **fakultatives** Lernen unterscheiden. Die Verhaltensweisen, die durch obligatorisches Lernen erworben werden, sind überlebensnotwendig. Die Verhaltensweisen, die durch fakultatives Lernen angeeignet sind, verschaffen nur einen Überlebensvorteil.

PRÄGUNG Die Prägung ist ein sehr rascher Lernprozess. Dabei wird eine **bestimmte Reizsituation** gelernt. Das Lernen erfolgt **ohne Belohnung**, außerdem ist es **irreversibel**.

Die Prägung erfolgt in der **sensiblen Phase**; dies ist ein relativ kurzer Zeitabschnitt. Wenn zu diesem Zeitpunkt das Lernen nicht stattfindet, kann es nicht nachgeholt werden. Das Gelernte bezieht sich nur auf eine **bestimmte Reaktion**, die manchmal erst lange Zeit nach der Lernphase gezeigt wird. Die **Nachfolgeprägung** bei Graugänsen, bei der die frisch geschlüpften Gänse das Reizmuster ihrer Mutter lernen, hat nur bei der Nachfolge Auswirkungen. Die spätere Partnerwahl z. B. bleibt davon unbeeinflusst. Konrad Lorenz erforschte diese Prägung bei Graugänsen. Die kleinen Gänse folgen jedem Objekt, das sie in ihrer sensiblen Phase als bewegtes und Laute produzierendes Wesen gesehen haben, so auch einem Menschen oder aber einem Fußball mit Lautsprecher!

Bei vielen Vögeln, bei denen die Weibchen ein eher unauffälliges Gefieder haben, werden die jungen Männchen **sexuell geprägt**. Sie lernen an ihrer Mutter das Reizmuster der Weibchen kennen. Erst wenn sie geschlechtsreif sind, wird das Gelernte angewendet.

Daneben gibt es auch die **Gesangsprägung** (motorische Prägung). Obwohl einige Elemente des Vogelgesangs angeboren sind, werden andere Elemente durch Prägung gelernt. Die jungen Vögel lernen dabei den regionalen

„Dialekt“, den sie in ihrer Jugend hören und bauen diese Elemente später in ihren Gesang ein.

REIZBEDINGTES KONDITIONIEREN – ASSOZIATIVES LERNEN

Beim reizbedingten Konditionieren verknüpft ein Tier eine an sich **neutrale Reizsituation** mit positiven oder negativen Reizen. Die Folge ist, dass es diese Reizsituation öfter aufsucht (**bedingte Appetenz**) oder meidet (**bedingte Aversion**). Für den Lernvorgang ist wichtig, dass die positive oder negative Folge **zeitnah** mit der Wahrnehmung des Reizes erfolgt.
Ein Tier, das immer an einer bestimmten Stelle Futter erhält, wird diese Stelle mit angenehmen Folgen verknüpfen und diese Reizkonstellation (optische, akustische, olfaktorische Reize) häufiger aufsuchen.

Eine Sonderform ist das **klassische Konditionieren**, das durch Iwan Pawlow erforscht wurde. Hier wurde ein unbedingter Reflex oder eine unbedingte Reaktion auf Reize (Speichelfluss eines Hundes) mit einem neutralen Reiz (Glockenton) gekoppelt, indem das Futter, das den Speichelfluss hervorrief, immer zeitgleich mit einem Glockenton dargeboten wurde. Nach einer Lernphase konnte der Glockenton allein den Speichelfluss hervorrufen. Der Ton war zum bedingten (besser: bedingenden) Reiz geworden, der Speichelfluss zur bedingten Reaktion.

Bei Instinkthandlungen kann der AAM durch reizbedingtes Konditionieren zu einem EAAM (durch Erfahrung verbesserter, angeborener Auslösemechanismus) werden. Tiere können lernen, bestimmte Reize (z. B. das Muster der Wespen) zu meiden.

Die gelernten Reize können auch wieder „vergessen" werden. Bei der **Löschung (Extinktion)** wird der gelernte Reiz öfter ohne die positive/negative Folge geboten. Dadurch wird er wieder neutral.
Bei der **Habituation** wird ein erschreckender Reiz durch Wegfall der negativen Folgen zum neutralen Reiz.

VERHALTENSBEDINGTES KONDITIONIEREN Bei dieser Lernform lernt ein Tier ein **bestimmtes Verhalten**. Dabei sind die **Folgen** des Verhaltens entscheidend, die dem Verhalten unmittelbar folgen müssen. Hat eine Handlung eine angenehme Folge, so wird sie öfter ausgeführt (**bedingte Aktion**). Hat sie unangenehme Folgen, so wird das Tier die Handlung seltener zeigen (**bedingte Hemmung**).

Ein Hund, der „Männchen" macht, bekommt einen Leckerbissen. Geschieht dies öfter, so wird er dieses Verhalten häufiger zeigen. Springt er auf den Tisch und wird z. B. durch lautes Schimpfen bestraft, so wird er dieses Verhalten seltener zeigen.

B. F. Skinner erforschte diese Lernform (**instrumentelles oder operantes Konditionieren**) mit der nach ihm benannten Skinner-Box. Ratten und Tauben lernten darin, auf einen Hebel zu drücken, um Futter zu erhalten.
Skinner prägte die Begriffe **positiver Verstärker** (Handlungsfolge, die ein Verhalten häufiger werden lässt, wenn sie dargeboten wird), **negativer Verstärker** (Handlungsfolge, die ein Verhalten häufiger werden lässt, wenn sie weggelassen wird) sowie **positive und negative Bestrafung** (Handlungsfolge, die ein Verhalten seltener werden lässt, wenn sie dargeboten/weggelassen wird).

HÖHERE LERN- UND VERSTANDESLEISTUNGEN Vor allem die Wirbeltiere zeigen Lernformen, die nicht durch Konditionierungen beschrieben werden können.
Dazu zählt das **Spielen**. Verhaltensweisen, die im Erwachsenenleben wichtig sind, werden hier angedeutet und erprobt, aber ohne erkennbaren Zweck.

Andere Verhaltensweisen werden durch **Beobachten und Nachahmen erlernt**, z. B. der Werkzeuggebrauch bei Schimpansen. Diese Lernform ist auch beim Menschen besonders wichtig.

Lernen durch Einsicht (einsichtiges, planvolles Handeln) wird ein Verhalten genannt, wenn das Tier vorher keine Erfahrungen besaß, aber dennoch auf Anhieb eine Lösung für ein Problem findet.
Von verschiedenen Affen wurde berichtet, dass sie Kisten aufeinander stapelten, um an Futter zu gelangen, obwohl sie dies vorher weder gesehen noch ausprobiert hatten.

Noch **höhere kognitive Fähigkeiten** wie Abstraktion, Begriffsbildung und Sprache, Wertebildung oder Selbsterkenntnis etc. werden eigentlich fast nur vom Menschen gezeigt, obwohl einige Versuche bekannt sind, bei denen Schimpansen Symbole zu deuten verstehen oder Veränderungen an sich wahrnehmen.

Sozialverhalten

KOMMUNIKATION Für das Sozialverhalten, also die Interaktion zwischen Lebewesen innerhalb einer Art, ist die Kommunikation eine wesentliche Voraussetzung.

Nach dem allgemeinen Kommunikationsmodell braucht der Sender für die Kommunikation ein **Nachrichtenbedürfnis.** Er **codiert** die Nachricht in ein **Signal** und **sendet** es. Der **Empfänger** nimmt das Signal über die Sinnesorgane auf und **decodiert** es, um es zu **verstehen**. Eventuell **reagiert** der Empfänger auf die Nachricht.

Die Signale können verschiedener Art sein: **Optische Signale**: Gestik, Mimik, Körperhaltung oder Farbe haben den Vorteil, dass das Signal sehr schnell mit wenig Energieaufwand übertragen werden kann. Nachteilig ist, dass diese Signale nur im Nahbereich, tagsüber und ohne Sichtbarrieren funktionieren. Beispiele: Drohgebärden, Balzsignale wie das Pfauenrad, Körperfärbung beim Stichling während der Laichzeit ...

Akustische Signale: Sie wirken über größere Distanzen zu jeder Tageszeit, benötigen aber einen großen Energieaufwand. Beispiele: Vogelgesang zur Reviermarkierung, Stimmfühlungslaute zwischen Gänsen und Gänseküken, Quaken von Fröschen, Wortsprache der Menschen ...

Olfaktorische, chemische Signale: Gerüche haben zwar meist eine geringe Reichweite, bleiben aber länger an den Gegenständen haften. Die chemischen Signale, die über die Luft abgegeben werden, heißen auch **Pheromone**. Es reicht oft eine geringe Konzentration aus. Beispiele: Sexuallockstoff der Seidenspinner, Urinabgabe von Hunden zur Reviermarkierung, Wegmarkierungen von Ameisen, stockeigener Geruch bei Bienen ...

Haptische oder taktile Signale: Berührungen haben auch bei Menschen starken Signalcharakter; die Bienensprache wird von den Bienen durch Hinterhertanzen aufgenommen, also auch durch Berührung. Weiteres Beispiel ist das „Groomen“, also die soziale Fellpflege bei Primaten, die Zusammengehörigkeit signalisiert.

Für die Verständigung werden oft Verhaltenselemente aus anderen Verhaltenskreisen verwendet und abgewandelt als Signal benutzt. Dies nennt man **Ritualisierung**. Die Abwandlung erfolgt durch nur angedeutete Bewegungen oder übertriebene, wiederholte Ausführung. Die Bewegungen werden häufig durch optische Körpermerkmale hervorgehoben. Vor allem bei der Balz sind ritualisierte Bewegungen wichtig. Das starke Wippen mit dem aufgespreizten Schwanz des Pfaus mit gleichzeitiger Verbeugung bei der Werbung um Weibchen ist eine stark abgewandelte Form des Futterlockens, mit dem die Fasanenvögel ihre Jungen zum Futter herbeirufen.

Auch der **Kuss** der Menschen wird als eine ritualisierte Verhaltensweise aufgefasst, deren Ursprung das Mund-zu-Mund-Füttern von Mutter zum Kind ist.

AGGRESSION Die Aggression gehört zu den **agonistischen Verhaltensweisen**, zu denen jedes Verhalten gehört, das mit kämpferischer Auseinandersetzung zu tun hat, also Angriff, Verteidigung, Flucht etc. Das Gegenteil ist **kooperatives Verhalten**. Aggressives Verhalten beinhaltet nicht nur Kampf, sondern auch dessen Vorformen wie Imponieren, Drohen oder Beschwichtigen.

Die **Gründe** für Aggression sind vielfältig. Besonders innerhalb einer Art ist die Konkurrenz um Ressourcen wie

Reviere, Futter, Sexualpartner, Wohn- bzw. Schlafplätze oder in der Rangordnung der Hauptgrund für Aggression. Gegen Gruppenaußenseiter wird häufig aggressives Verhalten gezeigt. Auch zwischen den Arten gibt es aggressive Handlungen, z. B. bei der Jagd oder Feindabwehr.
Unter **Aggressivität** versteht man die Bereitschaft oder Motivation zur Aggression.

Da bei ernstlichen Kämpfen die Verletzungsgefahr für beide Partner sehr hoch ist, haben sich verschiedene **aggressionskontrollierende Verhaltensweisen** entwickelt:

Imponieren: Durch Vergrößerung des Körperumrisses oder lautes Brüllen soll dem Gegner die eigene Kraft demonstriert werden.

Drohen: Hier werden die Waffen demonstriert, z. B. durch Zeigen der Eckzähne, Senken des Geweihs, angedeutete Kampfbewegungen.

Beschwichtigung, Demutsverhalten: Es wird vor oder während eines Kampfes gezeigt, wenn der unterlegene Partner den Kampf beenden will. Dazu werden kampfauslösende Reize weggenommen (sich ducken, Waffen abwenden) oder Jungtier- oder Sexualverhalten gezeigt (Hunde legen sich auf den Rücken, geben Urin ab, lecken die Mundwinkel des Gegners, Truthähne ducken sich wie ein paarungsbereites Weibchen = Ritualisierung!). Auch beim Menschen sind Grußzeremonien und Geschenke als Beschwichtigung zu sehen.
Rangordnungen: Obwohl zum Ermitteln einer Rang- oder Hackordnung Kämpfe nötig sind, kontrollieren sie

dann die Aggression. Rangniedrigere Tiere achten ranghöhere und vermeiden Kämpfe. Dazu ist das individuelle Erkennen der Gruppenmitglieder nötig.

Territorialverhalten: Auch hier sind zunächst Kämpfe zur Eroberung von Revieren nötig. Dann aber werden die Grenzen der Reviere von den Gegnern respektiert und es kommt zu weniger Kämpfen. Man unterscheidet Reviere zum Jagen, zur Brut, zur Balz oder zum Wohnen. Sie können, müssen aber nicht identisch sein. Sie können von einzelnen Individuen, von Paaren oder von Gruppen besetzt sein.

Komment- oder Turnierkampf: Hier findet ein Kampf nach festen Regeln statt, der ohne Verletzungs- und Tötungsabsicht ausgeführt wird und hilft, den Stärkeren zu ermitteln. Kennzeichnend ist dabei, dass keine tödlichen Waffen eingesetzt werden und dass nur unempfindliche Körperstellen attackiert werden.

Verhaltensökologische Aspekte

GRUNDGEDANKEN In der Verhaltensforschung ist es zunächst darum gegangen, angeborene Verhaltensweisen zu belegen und zu kategorisieren. Aber auch Lernvorgänge wurden intensiv untersucht. Man sucht weiterhin die neuronalen Mechanismen, die angeborenem Verhalten und Lernvorgängen zugrunde liegen. Dies ist die Erforschung der sogenannten **proximaten Ursachen** des Verhaltens, also der Wirkursachen. Auch die Entwicklung des Verhaltens im Laufe eines Tierlebens (Ontogenese) wird untersucht.

Daneben gibt es die Erforschung der **ultimaten Verhaltensursachen**. Damit sind die Zweckursachen gemeint. Man fragt, warum sich dieses Verhalten als in der Evolution erfolgreich erwiesen hat und erforscht somit die **biologische Funktion**. Die klassischen Verhaltensforscher wie Konrad Lorenz beantworteten diese Frage mit dem Zweck der „Erhaltung der Art“. Aber wie kann dann das Töten von Tierbabys durch männliche Tiere (z. B. bei Löwen oder Languren, einer Affenart) erklärt werden? Warum töten manche Tiere ihre Rivalen im Kampf, andere aus der selben Art jedoch nicht?
Die Grundidee dabei ist, dass sich in der Evolution das Verhalten durchsetzt, das die Fortpflanzungsrate (**Fitness**) eines Individuums erhöht. Denn da Verhaltensweisen häufig angeboren sind, werden sie vom dem Lebewesen, das dieses Verhalten aufweist, auf die Nachkommen vererbt. Je mehr Nachkommen ein Lebewesen mit einer bestimmten Verhaltensweise hat, desto mehr Lebewesen zeigen dieses Verhalten. Ist das Verhalten nachteilig für den Fortpflanzungserfolg, so wird es ausselektiert.
Viele Verhaltensweisen sind erst im Kontext mit Lebensraum und Sozialverbänden gut zu verstehen, deshalb wird von **Verhaltensökologie** gesprochen. Ein großer Teilbereich ist dabei die **Soziobiologie**, die sich mit den Mechanismen des Zusammenlebens und deren ultimaten Ursachen befasst.

FORTPFLANZUNGSSYSTEME Dass zur Erhöhung des Fortpflanzungserfolgs (engl. *fitness*) die Geschlechtspartner zusammenfinden und Nachwuchs produzieren müssen, ist klar. Die Interessen der Geschlechtspartner können aber völlig verschieden sein. Insgesamt muss man jeweils auch die Investition eines Individuums im

Verhältnis zum Fortpflanzungserfolg betrachten, um vorteilhaftes Verhalten zu erkennen.
So haben die **Weibchen** der Lebewesen zunächst einmal die höhere Investition zu leisten, da sie die wesentlich nährstoffreicheren Eizellen produzieren. Bei den Säugetieren investieren sie auch während der Schwangerschaft viel Energie in die Nachkommen. Die **Männchen** müssen grundsätzlich nur die winzigen Spermien beisteuern.
Daraus ergibt sich, dass bei vielen Arten die Weibchen genau prüfen, welchen Partner sie wählen, damit ihre Nachkommen auch **vorteilhafte Gene vom Partner** erben. Die Männchen können zwar auch wählerisch sein, erreichen aber ihren Fortpflanzungserfolg auch durch eine **hohe Anzahl** von Nachkommen mit mehreren Weibchen, am besten, ohne Energie für die Aufzucht der Jungen zu verschwenden.
Diese widerstrebenden Interessen der Geschlechtspartner haben in der Evolution interessante Paarungskonstellationen hervorgebracht.
Treffen Männchen und Weibchen nur zur Kopulation aufeinander und versorgt das Weibchen anschließend die Jungen alleine, so spricht man von **Agamie** („Nicht-Ehe"), z. B. bei Leoparden oder Eisbären. Hier sollte das Weibchen wählerisch bei der Wahl des Vaters ihrer Jungen sein. Die Männchen sind in solchen Paarungssystemen meist deutlich größer als die Weibchen.

Viel seltener ist die **Monogamie**, die auf eine Fortpflanzungsperiode beschränkt oder lebenslang dauern kann. Sie ist für die Weibchen besonders vorteilhaft, weil sie Hilfe bei der Aufzucht der Jungen bekommen. Sie kommt besonders oft bei Vögeln vor, die es alleine gar nicht schaffen würden, den Nachwuchs zu füttern. Bei manchen Arten binden die Weibchen die Männchen durch Forderung „teurer“ Geschenke an sich. Das Eisvogelmännchen z. B. bringt seiner Partnerin kleine Fische als Brautgeschenk, durch das sie sich zur Paarung bewegen lässt. Förderlich für die Monogamie ist es auch, wenn das Weibchen seine Paarungsbereitschaft nicht deutlich zeigt. So muss das Männchen ständig bei ihm bleiben, um den eigenen Fortpflanzungserfolg zu sichern.

Für die Männchen besonders vorteilhaft erscheint die **Polygynie**, bei der ein Männchen mehrere Weibchen und dadurch besonders viele Nachkommen hat. Da aber die Zahl der Weibchen begrenzt ist, kommen lange nicht alle Männchen zu einem Harem, sondern nur die besonders starken, die ihre Position in anstrengenden Kämpfen erobern und verteidigen müssen. Gute Beispiele dafür sind Löwen, Gorillas oder Hirsche. Der Geschlechtsdimorphismus ist hier besonders ausgeprägt, da Körpergröße vorteilhaft im Kampf ist. Kräftige Geweihe oder prachtvolle Mähnen signalisieren Kraft und Gesundheit, sowohl den Rivalen als auch den Weibchen. Diese können sich allerdings den Haremsinhaber nur gefallen lassen und ihn nicht auswählen. Da er aber ein besonders starkes Männchen ist, versprechen seine Gene auch starke Nachkommen.

Bei den Löwen wird hier auch das Phänomen der **Kindstötung (Infantizid)** verständlich: Erobert ein Löwenmännchen einen Harem, so tötet er die Nachkommen, damit die Mütter wieder fortpflanzungsbereit werden. Die Weibchen versuchen zwar, dies zu verhindern, sind aber meist erfolglos.

Polyandrie, bei der ein Weibchen mehrere Männchen

hat, ist sehr selten als alleinige Paarungsform. Natürlich hat das Weibchen hier einen Vorteil, weil es wie beim Wasserfasan seine Eier von mehreren Männchen ausbrüten lässt und so viele Nachkommen erhält. Die Männchen sollten sich sicher sein, dass sie sich um eigenen Nachwuchs kümmern.

Die Mischehe (**Polygynandrie**) ist z. B. bei den Schimpansen und Bonobos bekannt. Sie leben in größeren Verwandtschaftsgruppen zusammen.

Bei der Heckenbraunelle, einem Vogel, wurde festgestellt, dass alle Paarungssysteme vorkommen. Es hängt von der Überschneidung der Nahrungsreviere ab, welches System vorliegt. Bei polyandrischen Systemen versuchen die Männchen natürlich, das Weibchen zu bewachen. Dieses entwischt aber manchmal und paart sich mit dem anderen Männchen. Allerdings ist die Brutpflege der Männchen umso höher, je sicherer sie sich ihrer Vaterschaft sind.
Natürlich können die Tiere ihre Verhaltensweisen nicht bewusst überdenken, aber es hat sich ein Verhalten herausgebildet, das sich unter den genannten Umständen als vorteilhaft herausgestellt hat.

KOOPERATION UND ALTRUISMUS Während sich aggressive Verhaltensweisen recht leicht durch Maximierung des Fortpflanzungserfolgs erklären lassen, sind kooperative Verhaltensweisen zunächst leichter mit dem Zweck der „Arterhaltung“ zu verstehen. Bei manchen Raubtieren führt erst die gemeinschaftliche Jagd zum Erfolg, so dass auch ein individueller Erfolg vorliegt.
Wenn man genauer analysiert, wer im Tierreich wem

hilft, erkennt man, dass auch bei den altruistischen Verhaltensweisen der eigene Fortpflanzungserfolg im Mittelpunkt steht.
Am verständlichsten ist das **Elterninvestment**. Eltern füttern ihren Nachwuchs, verteidigen ihn und verzichten auf eignes Wohlergehen und reduzieren momentan ihre Fertilität, damit die Jungen überleben. Dies ist direkt eine Steigerung des Fortpflanzungserfolgs. Der Aufwand muss aber in Relation zur erzielten Wirkung sein. Deshalb haben sich in der Evolution verschiedene Systeme durchgesetzt. Die extremen Variationen sind zum einen, dass Tiere sehr viele Nachkommen in kurzen Abständen haben und sich gar nicht weiter kümmern (**r-Strategen**, z. B. Grasfrösche, Mäuse), zum anderen, dass nur sehr wenige Nachkommen in großen Abständen erzeugt werden, diese aber intensiv betreut werden (**K-Strategen**, z. B. Wale, Elefanten). Welches Fortpflanzungssystem verwirklicht wird, hängt auch von den ökologischen Lebensbedingungen ab.

Bei manchen Tieren beobachtet man **altruistische Verhaltensweisen**. So säugen Löwenweibchen auch andere Jungtiere, bei den Erdmännchen sorgen sich einige ledige Tanten und Onkel um den Nachwuchs, bei Murmeltieren gibt es Aufpasser, die die Gruppe vor Raubvögeln warnen, aber in dieser Zeit selbst nicht fressen können etc.
Hier hat sich durch Verwandtschaftsstudien herausgestellt, dass altruistisches Verhalten umso eher gezeigt wird, je näher die Verwandtschaft ist. So hilft eine Löwin ihrem Fortpflanzungserfolg auch dadurch, dass es die Kinder der Schwester füttert, die ja zum Teil auch ihre Gene tragen. Sie steigert indirekt den Anteil ihrer

Gene in der nächsten Generation (**indirekte Fitness**; zusammen mit der direkten Fitness bildet sie die **Gesamtfitness**). Gene, die dieses Verhalten hervorrufen, werden somit häufiger in der Evolution.

Besonders ausgeprägt ist diese Form des Altruismus bei **staatenbildenden Insekten** wie Bienen oder Ameisen. Hier verzichten die allermeisten Individuen auf eigenen Nachwuchs, sondern helfen bei der Aufzucht der Jungen der Königin. Bei den Bienen sind die Weibchen (Königin und Arbeiterinnen) diploid, die wenigen Männchen haploid. Die Verwandtschaft zwischen Königin und ihren Töchtern ist deshalb 0,5, da sie die Hälfte ihrer Chromosomen weitergibt, die andere Hälfte stammt vom Männchen.

Weil aber eine Königin von nur sehr wenigen Männchen befruchtet wird, sind die Arbeiterinnen untereinander näher verwandt, nämlich zu 75 %, falls sie den selben Vater haben. Dessen Gene stimmen zu 100 % überein, die der Mutter zu 50 %. Deshalb steigert eine Arbeiterin ihren indirekten Fortpflanzungserfolg, wenn sie bei der Aufzucht ihrer Schwestern hilft.

Es werden aber auch altruistische Verhaltensweisen bei nicht nahe verwandten Individuen beobachtet. So beobachtet man bei Vampirfledermäusen, die sich von Blut ernähren, wechselseitiges „Blutspenden“. Fledermäuse, die eine Blutmahlzeit ergattern konnten, würgen einen Teil wieder hoch und füttern damit die weniger erfolgreichen Fledermäuse. Dies funktioniert nach dem Prinzip „wie du mir, so ich dir“. Insgesamt wird dadurch das Überleben gesichert (und damit diese Verhaltensweise), denn bereits zwei Nächte ohne Nahrung führen zum Verhungern. Anscheinend merken sich die Fledermäuse, wer sie gefüttert hat und spenden ihrerseits diesen Individuen bevorzugt Blut. Diese Form der Kooperation nennt man **reziproken (wechselseitigen) Altruismus**.

FREQUENZABHÄNGIGE SELEKTION In manchen Verhaltensbereichen gibt es mehrere Alternativen des Verhaltens, bei denen der Anteil der Alternativen recht konstant bleibt. Hier helfen spieltheoretische Überlegungen zum Verständnis, die z. B. John Maynard Smith mit den „Falken und Tauben" angestellt hat: In einer Tierpopulation gibt es die Handlungsalternative (Taktik) der „Taube". Sie beschränkt sich in Auseinandersetzungen auf den Kommentkampf und flieht, wenn ein Beschädigungskampf droht. Die andere Alternative ist die der „Falken", die in jedem Fall den Beschädigungskampf antreten.

Leben in einer Population nur Tauben, so ist das zunächst vorteilhaft, weil niemand verletzt wird und im Durchschnitt jeder mal gewinnt und mal verliert.

Kommt nun durch Mutation (oder durch Zuwanderung) ein Falke dazu, so hat dieser sehr großen Erfolg, weil er gegen die Tauben immer gewinnt. Er wird sich stark vermehren, dadurch steigt der Falkenanteil in der Population. Nun kommt es aber häufiger zum Zusammentreffen zweier Falken. Der Verlierer ist nun stark im Nachteil, weil er verletzt wird. So sinkt mit dem Anteil der Falken an der Population der Vorteil der Falken und die Taktik der Tauben gewinnt wieder. Es wird sich ein Gleichgewicht der Handlungsalternativen einstellen. Die Selektion der Handlungsalternativen hängt von ihrer Häufigkeit ab (frequenzabhängige Selektion). Das Gleichgewicht der verschiedenen Taktiken nennt man **evolutionär stabile Strategie (ESS)**. Dabei kann es auch

sein, dass die Handlungsalternativen von ein und demselben Individuum gezeigt werden.
Ein weiteres Beispiel für eine evolutionär stabile Strategie wären die Froschrufe, die Weibchen anlocken: Ein Männchen, das nicht ruft, wartet in der Nähe eines rufenden Männchens (man nennt es Satellitenmännchen). Das rufende Männchen muss dabei Energie aufwenden und geht das Risiko ein, Feinde anzulocken und gefressen zu werden. Das nichtrufende Männchen hat also große Fortpflanzungschancen, ohne eigenen Energieaufwand zu betreiben. Wenn ein Froschmännchen ruft, sind der hohe Energieaufwand und die hohe Gefahr zur Beute zu werden seine Kosten. Der Nutzen eines solchen Verhaltens ist das Anlocken eines Weibchens und somit die Chance zur Fortpflanzung. Ist jedoch ein Satellitenmännchen anwesend, verringert sich der Nutzen, wobei die Kosten gleich bleiben. Bei Satellitenverhalten ist eindeutig der Nutzen größer. Das Männchen muss keine Energie aufwenden und hat trotzdem die Chance zur Fortpflanzung (Sozialparasit). Der Vorteil des einen wird also zum Nachteil des anderen. Würden jedoch zu viele Männchen auf das Satellitenverhalten umsteigen, wäre die Gesamtpopulation in Gefahr, da zu wenige Weibchen angelockt werden würden. Die Taktiken „Rufen“ und „Satellitenverhalten“ müssen also im Gleichgewicht zueinander stehen.

9 Evolution

QUICK-FINDER

Belege für die Evolution

HOMOLOGIEN Ein Beleg für die gemeinsame Abstammung zweier Tierarten von einem gemeinsamen Vorfahren sind **homologe Organe**. Man kann annehmen, dass die beiden Tierarten dieses Organ von dem gemeinsamen Vorfahren geerbt haben und es im Laufe der Evolution verändert wurde.

Es gibt drei Homologiekriterien, mit denen man die Homologie zweier Organe oder Strukturen einschätzen kann:

1. Kriterium der Lage: Zwei Organe sind homolog, wenn sie in einem Gefügesystem die gleiche Lage einnehmen. Beispiel: Die Vorderextremitäten der Wirbeltiere beginnen alle mit dem Oberarmknochen, gefolgt vom Knochenpaar der Elle und Speiche. Es folgt eine Ansammlung kleiner, würfelförmiger Knochen, die Handwurzelknochen. Zuletzt folgen meist dreigliederige Finger, häufig fünf an der Zahl.

Homologiekriterium der Lage

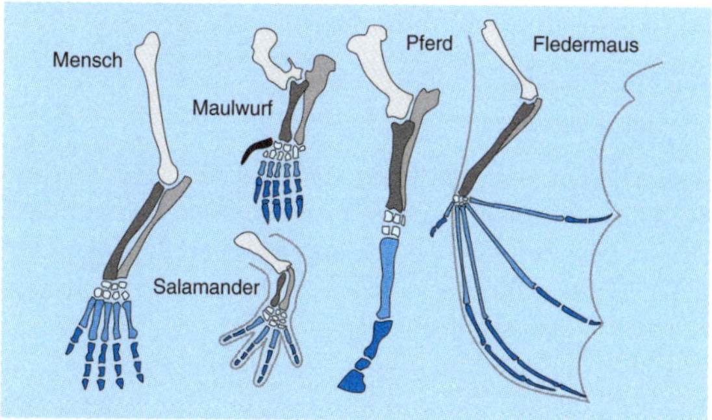

2. Kriterium der spezifischen Qualität: Komplex aufgebaute Organe sind homolog, wenn sie in vielen Einzelheiten gleich aufgebaut sind, auch wenn sie nicht die gleiche Lage im Bauplan besitzen.
Beispiel: Die Hautschuppe der Haie und Säugetierzähne liegen zwar an ganz unterschiedlichen Stellen und haben völlig andere Aufgaben, sind aber im Aufbau mit einer harten Schmelzschicht, weicherem Dentin und einer durchbluteten Zahnhöhle so ähnlich, dass man auf einen gemeinsamen Ursprung schließt.

Homologiekriterium der spezifischen Qualität

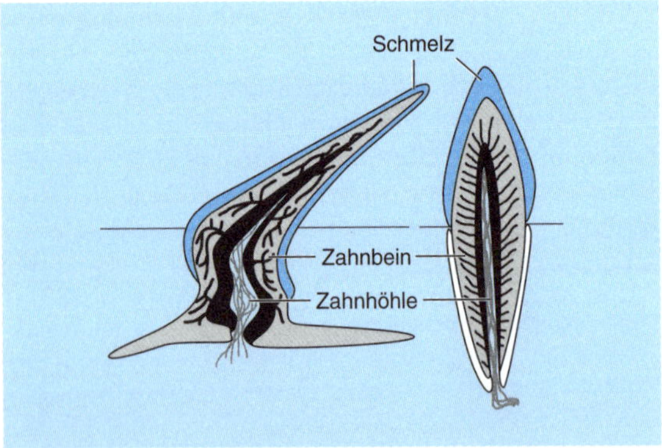

3. Kriterium der Stetigkeit: Verschiedenartige Organe sind homolog, wenn sie durch Zwischenformen während der Embryonalentwicklung oder während der Stammesgeschichte verbunden werden können, die untereinander homologisierbar sind.
Beispiel: Bei den Knochenfischen und Reptilien besteht das Kiefergelenk aus drei Knochen, bei den Säugetieren

sind Ober- und Unterkiefer direkt verbunden. Die drei Kieferknochen haben sich, wie man in Embryonalstadien sieht, ins Mittelohr verlagert und sind nun die Gehörknochen.

Homologiekriterium der Stetigkeit

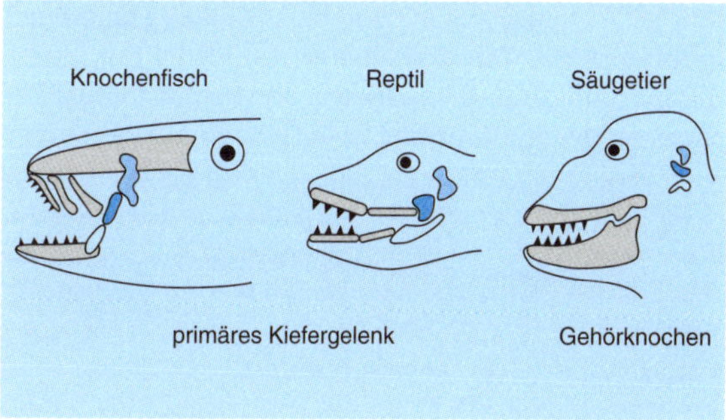

Homologien kann man auch unter (angeborenen!) **Verhaltensweisen** finden, z. B. bei der Balz verschiedener Entenvögel. Auch biochemische und molekularbiologische Homologien gibt es. Zwischen den Embryonen einiger Lebewesen kann man erstaunliche Ähnlichkeiten feststellen. Die frühen **Embryonalstadien** der Wirbeltiere sind fast identisch. Dies lässt auf einen gemeinsamen Vorfahren schließen, der ebenfalls dieses Embryonalstadium besaß.

Diese Erkenntnis ließ Ernst Haeckel seine **biogenetische Grundregel** formulieren: „Die Ontogenese (Individualentwicklung) ist eine kurze Wiederholung der Phylogenese (Stammesentwicklung)." Verbessert kann man sagen, dass während der Embryonalentwicklung von Lebewesen häufig Merkmale von Vorfahren angelegt, aber nicht vollständig verwirklicht werden.

RUDIMENTE UND ATAVISMEN Unter einem **Rudiment** versteht man ein Organ, das seine **ursprüngliche Funktion verloren** hat und in **Rückbildung** begriffen ist. Es war bei Vorfahren der Tierart noch voll ausgebildet und funktionsfähig. Die **Griffelbeine** der Pferde am Mittelfußknochen sind rückgebildete weitere Mittelfußknochen, die bei Pferdevorfahren auch noch mit Zehenknochen verbunden waren.

Beim Menschen können die **Körperbehaarung**, die **Muskulatur** zur Ohrbewegung, **Weisheitszähne**, segmentierte Muskulatur und der **Blinddarm** als Rudimente aufgefasst werden. Weisheitszähne werden bei manchen Menschen gar nicht mehr ausgebildet.

Als **Atavismus** bezeichnet man das **seltene Wiederauftreten** von Organen, die schon zurückgebildet worden sind. Sie belegen, dass diese Strukturen genetisch noch vorhanden sind, aber normalerweise unterdrückt werden.

Bei Pferden kann man selten einen weiteren Huf an einem Bein feststellen, beim Menschen gibt es z. B. „Wolfskinder", die eine sehr **starke Körperbehaarung** auch im Gesicht aufweisen, das Wiederauftreten einer **kleinen Schwanzwirbelsäule** oder mehrere Brustwarzen.

Rudiment und Atavismus beim Pferdefuß

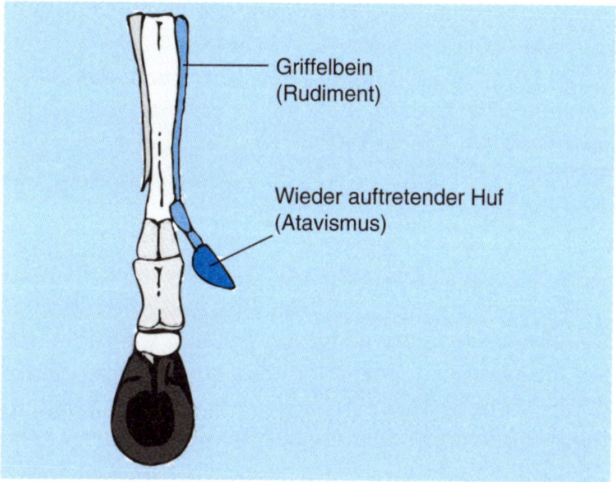

ANALOGIEN Die Evolution erklärt die Veränderung von Lebewesen im Laufe der Jahrmillionen durch Anpassung an ihren Lebensraum. Bei der Anpassung an gleichartige Lebensräume sollten sich auch gleichartige Strukturen entwickeln. Wenn diese Organe **nicht homolog** sind, nennt man sie **Analogien**. So sind die Vorderbeine der Maulwurfsgrille und des Maulwurfs nicht homolog, aber sehen sich sehr ähnlich, weil sie zum Graben in der Erde genutzt werden. Die Entwicklung, die zur Ausbildung analoger Organe führt, nennt man konvergente Entwicklung oder **Konvergenz**. Es entstehen also ähnliche Strukturen aus unterschiedlichen Organen als Anpassung an gleichartige Umweltbedingungen.

BIOCHEMIE UND SEROLOGIE Die Abstammung von gemeinsamen Vorfahren lässt sich durch biochemische, molekularbiologische und serologische Untersuchungen gut belegen. Alle Lebewesen bestehen aus **Zellen**, die einen **gemeinsamen Grundbauplan** haben. Alle besitzen **DNA**, die in gleicher Weise verdoppelt und in Proteine umgesetzt wird. Auch Teile des **Zellstoffwechsels** sind bei allen Lebewesen gleich, z. B. die Glycolyse, so dass man von einer „Urzelle" als gemeinsamen Vorfahren aller Lebewesen ausgehen kann.

Dennoch bestehen zwischen den Biomolekülen der Lebewesen **graduelle Unterschiede**, die umso größer sind, je weiter zurück der gemeinsame Vorfahre liegt. Die Aminosäuresequenz des Atmungskettenproteins **Cytochrom c**, das bei sehr vielen Lebewesen vorkommt, kann als Gradmesser für Verwandtschaft herangezogen werden, ebenso die Aminosäuresequenz des **Insulins** bei Säugetieren. Der direkte **Vergleich der DNA** zweier Arten gibt ebenfalls Aufschluss über den Verwandtschaftsgrad. Besonders geeignet ist die **DNA in den Mitochondrien**, da sie nicht durch Rekombination, sondern nur durch Mutation verändert wird.

Bei **nah verwandten Wirbeltierarten** kann man den **Serum-Präzipitin-Test** anwenden, um die Verwandtschaft zu klären. Er beruht darauf, dass im Blutserum verschiedene **Serumproteine** vorliegen, die für eine Art charakteristisch sind und umso verschiedener gebaut sind, je entfernter zwei Arten verwandt sind. Die Ähnlichkeit prüft man durch die **Reaktion mit Antikörpern**: Man gewinnt Blutserum einer Art und spritzt es einem unbeteiligten Tier, das gegen die Serumproteine **Antikörper** in seinem Blutserum bildet. Dieses Antiserum wird nun zunächst wieder mit dem Ausgangsserum vermischt. Da die

Antikörper perfekt zu den Serumproteinen passen (sie wurden ja gegen sie gebildet), werden diese optimal verklumpt (**ausgefällt**). Den Grad der Ausfällung setzt man mit 100 % fest. Mit Serumproteinen einer nah verwandten Art wird die Ausfällung weniger als 100 % betragen, mit weiter entfernten Arten viel weniger als 100 %. Das Anti-Human-Serum ergibt z. B. mit Schimpansenserum eine Ausfällung von 85 % und mit Pferdeserum nur 2 %.

Serumpräzipitintest

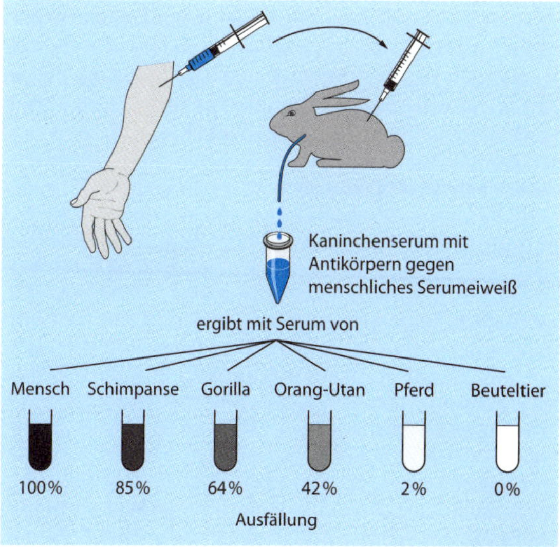

FOSSILE FORMEN Ein guter Beleg für die Evolution sind **Fossilien** von ausgestorbenen Vorfahren der heutigen Lebewesen. Zu den Fossilien zählen Versteinerungen, Moorleichen,

Bernsteineinschlüsse, Eiseinschlüsse, aber auch Spuren von Lebewesen. Durch verschiedene physikalische Methoden lässt sich das Alter von Fossilien bestimmen. So kann man **Stammbäume** von Lebewesen aufstellen. Der Stammbaum der **Pferde** kann sehr gut durch fossile Funde nachvollzogen werden.

Andere Fossilien sind sehr wertvoll, weil sie Übergänge zwischen Großgruppen im Tier- oder Pflanzenreich darstellen. Man nennt sie **Brückentiere**. So zeigt der fossile **Archaeopteryx** sowohl Merkmale der Reptilien (Zähne, Krallen an freien Fingerendgliedern, Schwanzwirbelsäule) als auch Vogelmerkmale (Federn, Flügel, nach hinten gerichtete erste Fußzehe) und stellt damit einen Übergang zwischen Reptilien und Vögeln dar.

Archaeopteryx als Brückentier

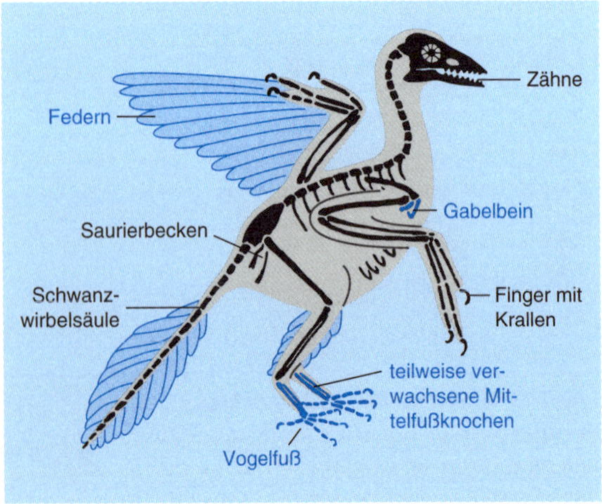

Charles Darwin

Der Begründer und Ideengeber der Evolutionstheorie war **Charles Darwin**. Er wurde 1809 in England geboren. Schon als Kind war er an der Natur interessiert.
Er begann mit einem Medizinstudium, an dem ihn aber nur die naturwissenschaftlichen Themen interessierten. Er wechselte zum Studium der Theologie, welches ihn aber ebenfalls wenig interessierte. Er schloss es dennoch erfolgreich ab. Während seines Studiums beschäftigte sich Darwin aber weiter mit Insektenkunde, Botanik und Geologie.
So wurde er als Begleiter der Exkursion der „Beagle" nach Südamerika vorgeschlagen. Darwin war 22 Jahre alt, als er 1831 die Reise begann. Erst 1836 endete die Fahrt. Darwin hatte sehr viele Notitzen gemacht und Lebewesen gesammelt.
Erst nach seiner Rückkehr kam ihm der Gedanke, dass die Arten nicht unveränderlich sind.
Darwin veröffentliche viele seiner Studien und Beobachtungen, aber noch nicht seine Ideen zur Evolution.
Er heiratete und bekam mehrere Kinder.
Mit seinen wissenschaftlichen Freunden tauschte er nach und nach die Gedanken zur Evolution aus. Aber erst, als **Alfred Russel Wallace** ihm ein Manuskript mit ähnlichen Gedanken zusandte, schrieb Darwin seine Theorie auf. Sie wurde 1859 veröffentlicht *(On the Origin of Species)*.
Viele Wissenschaftler konnten sich mit den Ideen gut anfreunden, andere sowie Vertreter der Kirche bekämpften sie. V. a. als Darwin auch den Menschen als Produkt der Evolution beschrieb *(The Descent of Man ...)*, war er der Kritik der Kirche ausgesetzt. Er war noch lange Jahre wissenschaftlich tätig, bevor er 1882 starb.

Erklärungen für den Artenwandel

DARWIN'SCHE EVOLUTIONSTHEORIE Darwins Grundgedanken sind folgende: Lebewesen produzieren immer **mehr Nachkommen**, als für das Überleben der Art wichtig wären. Diese Nachkommen unterscheiden sich voneinander. Der Konkurrenz um Nahrung, Schlafplätze etc. werden manche der Nachkommen besser gewachsen sein als andere.

Diese werden im **Kampf ums Dasein** *(struggle for life)* besser überleben als die anderen *(survival of the fittest)* und die besonderen Merkmale an ihre Nachkommen weitergeben. Diese „Auswahl" der geeigneten Tiere nennt Darwin **„natürliche Selektion"** *(natural selection)*. Durch fortgesetzte kleine Veränderungen, die eine bessere Anpassung an den Lebensraum darstellten, entstanden so im Laufe der Zeit verschiedene Arten. Darwin nennt außerdem die **geschlechtliche Zuchtwahl** *(sexual selection)*, bei der meist die Weibchen die für sie attraktivsten Männchen als Geschlechtspartner wählen. Die Männchen können aber Merkmale besitzen, die dem allgemeinen Überleben eher hinderlich sind.

THEORIE VON LAMARCK **Jean Baptist de Lamarck** vertrat die Auffassung, dass sich Organe der Lebewesen durch **Gebrauch oder Nichtgebrauch** an die Umgebung anpassten. So sollten Vorfahren der Giraffe durch Strecken des Halses einen immer längeren Hals bekommen haben, um an höher gelegene Blätter zu gelangen.
Lamarck übersah aber, dass erworbene Eigenschaften nicht an Nachkommen vererbt werden. Jede Generation der Giraffen hätte wieder von vorne mit dem Strecken

des Halses anfangen müssen. Abgesehen davon ist die Modifikation von Organen durch Gebrauch oder Nichtgebrauch sehr eingeschränkt.

ERWEITERTE EVOLUTIONSTHEORIE In der erweiterten oder synthetischen Evolutionstheorie werden Darwins Gedanken aufgenommen und durch moderne Erkenntnisse erweitert. Die Entwicklung der Arten wird danach durch die **Evolutionsfaktoren** vorangetrieben:
Mutation: Durch zufällige Veränderungen des Erbguts entstehen neue Allele in einem Genpool. Am wichtigsten sind hier Gen- oder Punktmutationen, die nur eine Base eines Gens verändern und dadurch zum Einbau einer anderen Aminosäure in ein Protein führen. Dessen veränderte Struktur könnte positiv für den Organismus wirken. Chromosomenmutationen, bei denen Stücke von Chromosomen verloren gehen, sich verdoppeln oder sich umkehren, haben meist so schwere Auswirkungen, dass sie für die Evolution keine Bedeutung haben. Genommutationen spielen eine evolutive Rolle, wenn ganze Chromosomensätze sich verdoppeln (Polyploidisierung). Dies ist bei manchen Pflanzen der Fall.

9

Rekombination: Durch die Rekombination werden die verschiedenen **Allele**, die durch Mutation entstanden sind, **neu kombiniert**. So entstehen sehr verschiedene **Variationen** bei den Nachkommen eines Elternpaares, die sich unterschiedlich gut bewähren.
Die **zufällige Anordnung** der Chromosomen väterlichen und mütterlichen Ursprungs während der **Meiose**, **Crossing-over** und das **zufällige Aufeinandertreffen** von Spermium und Eizelle führen zu einer unglaublichen Vielfalt an Nachkommen eines Elternpaares. Dennoch

werden die Gene eines Elternteils mit 50%iger Wahrscheinlichkeit an einen Nachkommen weitergegeben, aber in neuer Kombination.

Selektion: An den verschiedenartigen Nachkommen kann nun die Selektion wirken. Das bedeutet, dass die Individuen unterschiedlich gut an die Umwelt angepasst sind und deshalb ihre Gene besser oder schlechter an eigene Nachkommen weitergeben können, weil sie z. B. besser oder schlechter klimatische Extreme überleben, Nahrung finden oder in Rivalenkämpfen siegen.
Man erkennt das Wirken der Selektion daran, dass sich die **Häufigkeiten der Allele** in einem Genpool einer Population **verändern**. Die Selektion kann dazu führen, dass sich eine Population insgesamt verändert (**transformierende Selektion**), dass sie sich in zwei Gruppen aufspaltet (**disruptive Selektion**) oder dass sie an Variation abnimmt (**stabilisierende Selektion**).

Formen der Selektion

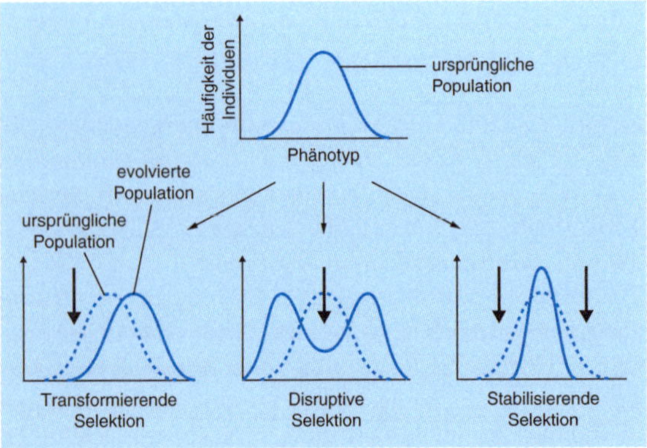

Die Faktoren, die das Überleben der Arten beeinflussen und dadurch Selektion bewirken, heißen **Selektionsfaktoren**. Sie sind praktisch identisch mit den Umweltfaktoren aus dem Kapitel Ökologie. Die abiotischen und biotischen Selektionsfaktoren rufen die zahlreichen Anpassungen hervor, die in diesem Kapitel beschrieben sind.

Abiotische Selektionsfaktoren sind somit z. B. Temperatur, Wasser, Wind, pH-Wert oder Mineralstoffangebot. Die **biotischen Selektionsfaktoren** sind vor allem **Fressfeinde und Beute**. Sie haben zu zahlreichen Tarn- und Warntrachten der Tiere geführt, außerdem zur Entwicklung von pflanzlichen Inhaltsstoffen, die Fraßschäden vorbeugen. Bei den Tieren gibt es die Erscheinungen Mimikry und Mimese. **Mimikry** nennt man das Nachahmen giftiger oder gefährlicher Lebewesen, als **Mimese** wird das Nachahmen unbewegter Dinge wie Stöckchen, Blätter etc. bezeichnet.

Weitere biotische Selektionsfaktoren sind **Parasiten und Krankheitserreger**, die zur Evolution von Abwehrmechanismen beitragen. Ein Sonderfall ist das häufigere Auftreten der Sichelzellanämie in Malariagebieten. Die heterozygoten Träger des Allels sind normalerweise benachteiligt, aber sie sind resistent gegen den Malariaerreger. Deshalb konnte sich das Allel in Gebieten mit Malaria ausbreiten.

Einen großen Einfluss auf die Evolution haben auch die **Geschlechtspartner**. Sie wählen ja tatsächlich einen Partner zur Fortpflanzung aus. Es gibt vor allem unter den Tiermännchen viele Erscheinungen, die durch die sexuelle Selektion entstanden sind: die Mähne der Löwen, das Prachtgefieder vieler Vögel, Geweihe, die im Allgemeinen höhere Körpergröße der Männchen etc. Manche Anpassungen sind auch auf die Konkurrenzsituation zwischen den Männchen zurückzuführen, die um die Weibchen besteht.

Gendrift: Wenn **zufällige** Ereignisse den Genpool einer Population ändern, spricht man von Gendrift. Naturkatastrophen können weite Teile einer Population auslöschen. Die Überlebenden tragen bestimmte Gene, die nun den Genpool der übrigen Population ausmachen. In geographisch abgeschlossenen Gebieten wie Inseln können solche Zufallsereignisse eine Population stark verändern.

Isolation: Damit sich aus einer Art zwei neue Arten bilden können, muss zwischen zwei Teilpopulationen eine Isolation stattfinden. Dann können sich die beiden Teilpopulationen unter unterschiedlichen Umweltbedingungen weiterentwickeln, bis zwischen den Teilpopulationen keine Fortpflanzung mehr möglich ist bzw. bis nur noch unfruchtbare Nachkommen entstehen. Dann spricht man von zwei getrennten Arten (**biologischer Artbegriff**: Zu einer Art gehören alle Lebewesen, die potenziell fruchtbare Nachkommen hervorbringen können). Die Isolation beginnt meist **geographisch** durch Barrieren wie Meere, Flüsse, Eis, Gebirge oder Wüsten. Es folgt eine **ökologische Isolation**, bei der die Teilpopulationen unterschiedliche ökologische Nischen besetzen (Einnischung), sich z. B. auf unterschiedliche Nahrung spezialisieren oder zu verschiedenen Tageszeiten aktiv sind.

Zur Bildung zweier Arten muss dann die **sexuelle Isolation** dazukommen, die eine Fortpflanzung bei erneuter Vermischung der Teilpopulationen verhindert. Dies kann bereits vor der Zygotenbildung sein (**präzygotisch**), z. B. weil die Geschlechtsorgane bzw. Pollen und Narbe nicht mehr zusammenpassen (bei Insekten und Spinnen bzw. Pflanzen), weil das Balzverhalten nicht mehr aufeinander abgestimmt ist oder weil die Paarungszeiten bzw. Blühzeiten verschieden geworden sind. Nach der Zygotenbildung (**postzygotisch**) kann es sein, dass sich die Zygote nicht mehr vollständig entwickelt oder die Nachkommen unfruchtbar sind (Maulesel!).

Wenn sich auf diese Weise in zwei getrennten Gebieten zwei neue Arten aus einer bilden, nennt man das **allopatrische Artbildung**. Selten gibt es auch die **sympatrische Artbildung** in einem gemeinsamen Gebiet, die durch Polyploidisierung bei Pflanzen auftreten kann. Eine tetraploide Pflanze kann mit einer diploiden Pflanze keine fruchtbaren Nachkommen erzeugen. Diese wären triploid; dann gibt es bei der Meiose Schwierigkeiten, da sich die Chromosomen nicht richtig paaren können. Somit ist eine Fortpflanzungsbarriere aufgetreten, die eine getrennte Weiterentwicklung möglich macht.

Wenn in der Evolution **neue Lebensräume** entstehen, die von Gründerindividuen besiedelt werden, die sich dann in verschiedene Arten mit unterschiedlichen ökologischen Nischen auftrennen, so heißt das **adaptive Radiation**. Die Darwin-Finken auf den geographisch jungen Galapagos-Inseln oder die Buntbarsch-Vielfalt in den afrikanischen Seen sind dafür Beispiele. In dem neuen Lebensraum kann sich die Ursprungsart zunächst stark vermehren, bis Konkurrenz auftritt. Wenn sich nun Teilpopulationen in geographisch abgetrennten Räumen ökologisch einnischen und so der Konkurrenz entgehen, können neue Arten entstehen.

EVOLUTION DES MENSCHEN Über die Evolution des Menschen zu schreiben, ist immer schwierig, weil immer noch durch neue Fossilfunde Theorien verändert werden müssen.

Der Mensch hat sich aus affenähnlichen Vorfahren entwickelt. Die Entwicklung des **aufrechten Gangs** hat mehrere anatomische Unterschiede zwischen Affen und Menschenähnlichen hervorgebracht: **Doppel-S-förmige Wirbelsäule, Fußgewölbe, zentriertes Hinterhauptsloch und damit schwächere Nackenmuskeln und ein schüsselförmiges Becken** sind typisch menschlich.

Menschen und ihre näheren Vorfahren haben zudem einen **parabolischen Zahnbogen** mit **kleinen Eckzähnen**. Bei Affen und affenartigen Vorformen ist er U-förmig, die Eckzähne sind groß und es gibt in jedem Kiefer eine „Affenlücke", die Platz für die Eckzähne des anderen Kiefers bietet. Je menschenähnlicher ein Vorfahre war, desto größer war sein **Gehirnschädel**; die **Stirn** wurde höher, ein Kinn bildete sich aus, die Schnauze verschwand. Die **Hände** wurden zu präzisen Greiforganen.

Man vermutet, dass der **Klimawechsel** vor 7,5–6 Millionen Jahren und die damit verbundene Zunahme der Savannenfläche die Entwicklung des **aufrechten Ganges** bei den affenartigen Vorfahren des Menschen provozierten. Sie konnten die Nahrung durch bessere Übersicht

leichter aufspüren und auch Feinde besser entdecken. Außerdem bot der aufrechte Körper der Sonne weniger Angriffsfläche.
Durch den aufrechten Gang konnten die Hände viel wirkungsvoller als Werkzeug eingesetzt werden. Die Vergrößerung des Großhirns ließ Sprache und geistige Fähigkeiten entstehen. Sehr wichtig für das Überleben in widrigen Lebensräumen war die Beherrschung des **Feuers**, die sicher für den *Homo erectus* nachgewiesen ist.

Zu den Vormenschen, die noch einige Affenmerkmale tragen, gehören die **Australopithecinen**, die vor 4,4 – 2,9 Millionen Jahren in Afrika lebten. Bekannt ist der Fund „Lucy", ein weiblicher *Australopithecus afarensis*, der in Äthiopien gefunden wurde. Auch die fossilen Fußspuren von Laetoli in Tansania stammen von zwei Individuen des *Australopithecus afarensis*.

Erste **Homo**-Arten gab es wohl vor 2,5 – 2 Millionen Jahren. Der *Homo habilis* fertigte Werkzeuge an. *Homo erectus* verließ Afrika und wanderte nach Europa; auch aus Asien stammen *Homo-erectus*-Funde.

Aus dem *Homo erectus* entstand der *Homo sapiens*. Eine Unterart ist der **Neandertaler** *(Homo sapiens neanderthalensis)*, der vor 150 000 Jahren in Europa lebte und an das raue Klima angepasst war. Er verschwand vor 35 000 bis 30 000 Jahren. Ebenfalls vor 150 000 Jahren entwickelte sich auch der Jetztmensch *Homo sapiens sapiens*. Er verbreitete sich über die gesamte alte Welt. Kunstwerke (Höhlenmalereien, Skulpturen) und Begräbnisstätten belegen das Nachdenken über die Welt und das Leben nach dem Tod.

Systematik der Lebewesen

FÜNF REICHE Man unterscheidet bei den Lebewesen auf der obersten Stufe zur Zeit fünf verschiedene Reiche: Prokaryoten, Einzeller, Pilze, Pflanzen und Tiere.

Prokaryoten haben keinen echten Zellkern. Es gibt Bakterien und Blaualgen.

Einzeller besitzen einen echten Zellkern und Zellorganellen. Man kann heterotrophe („tierische") und autotrophe („pflanzliche") Einzeller unterscheiden. Beispiele sind das Pantoffeltierchen, die Amöbe oder die einzelligen Algen, aber auch der Erreger der Malaria.

Die **Pilze** bilden ebenfalls ein eigenes Reich. Ihre Zellwand besteht häufig aus Chitin. Sie sind heterotroph und leben meist von Abfallstoffen anderer Lebewesen (Saprobionten). Andere Arten sind Parasiten oder Symbionten. Pilze vermehren sich durch Sporen, die in Fruchtkörpern gebildet werden.

PFLANZEN Pflanzen sind durch Zellwände aus Zellulose gekennzeichnet. Fast alle Pflanzen sind autotroph und ernähren sich durch Photosynthese. Nur wenige Arten sind wieder heterotroph geworden und leben parasitisch.
Bei den Pflanzen kann man weitere Abteilungen bilden.
Eine Abteilung bilden die **Moose**, die kaum Festigungselemente besitzen und nur niedrige Polster bilden. Sie vermehren sich abwechselnd über Sporen und geschlechtlich. Dabei bildet der Gametophyt, der die Geschlechtszellen bildet, die Photosynthese treibende Generation. Aus ihm wächst der Sporophyt, der die Sporen erzeugt.

Eine weitere Abteilung stellen die **Farne** dar. Sie haben bereits Festigungselemente und können sogar baumartig werden. Hier ist der Sporophyt die eigentliche Pflanze, die Photosynthese treibt. Aus den Sporen entstehen die kleinen Gametophyten, die Keimzellen bilden. Durch Befruchtung entsteht wieder ein Sporophyt.

Die Abteilung der **Blüten- und Samenpflanzen** ist am besten an das Landleben angepasst. Starke Festigungselemente ermöglichen hohes Wachstum zum Licht, starker Verdunstungsschutz ermöglicht auch die Besiedlung von trockenen Gebieten. Die Vermehrung erfolgt über Samen, die aus den Blüten entstehen.

Bei den **nacktsamigen Pflanzen**, zu denen v.a. die Nadelbäume gehören, liegen die Samen offen auf den Fruchtblättern.

Die **bedecktsamigen Pflanzen** schließen die Samen in Früchte ein, die der Verbreitung der Samen durch z. B. Wind oder Tiere dienen. Unter ihnen kann man noch die **ein- und zweikeimblättrigen Pflanzen** unterscheiden.

TIERE Das letzte Reich ist das Tierreich. Tiere sind heterotroph und besitzen keine Zellwand. Die meisten Tiere können sich fortbewegen.
Die Unterteilung des Tierreichs erfolgt in Stämme, Klassen, Ordnungen, Familien, Gattungen und Arten.

Zu den wichtigsten Tierstämmen zählen:
Weichtiere (Mollusken) mit Schnecken, Muscheln und Tintenfischen. Sie haben kein Skelett, aber oft eine Scha-

le oder ein Stützelement aus Kalk. Sie sind in Kopf, Fuß und Eingeweidesack gegliedert.

Gliederfüßer (Arthropoden) mit den Ordnungen der Insekten, der Spinnentiere, der Krebstiere und andere. Gliederfüßer besitzen ein Außenskelett und haben gegliederte Beine, einen offenen Blutkreislauf und ein Strickleiternervensystem am Bauch. Der Stamm der Gliederfüßer umfasst die meisten Arten des Tierreichs auf der Erde.

Chordatiere (vereinfacht **Wirbeltiere, Vertebraten**) mit den Klassen der Fische, Amphibien, Reptilien, Vögel und Säugetiere. Alle besitzen ein Innenskelett und eine Wirbelsäule, einen geschlossenen Blutkreislauf und ein Nervensystem mit Rückenmark.

Den Menschen ordnet man systematisch im Reich der Tiere unter die Wirbeltiere ein. Er gehört zur Klasse der Säugetiere (Mammalia), in die Ordnung der Primaten, in die Familie der Menschenaffen, zur Gattung Homo und trägt den Artnamen *Homo sapiens*.

Stichwortverzeichnis